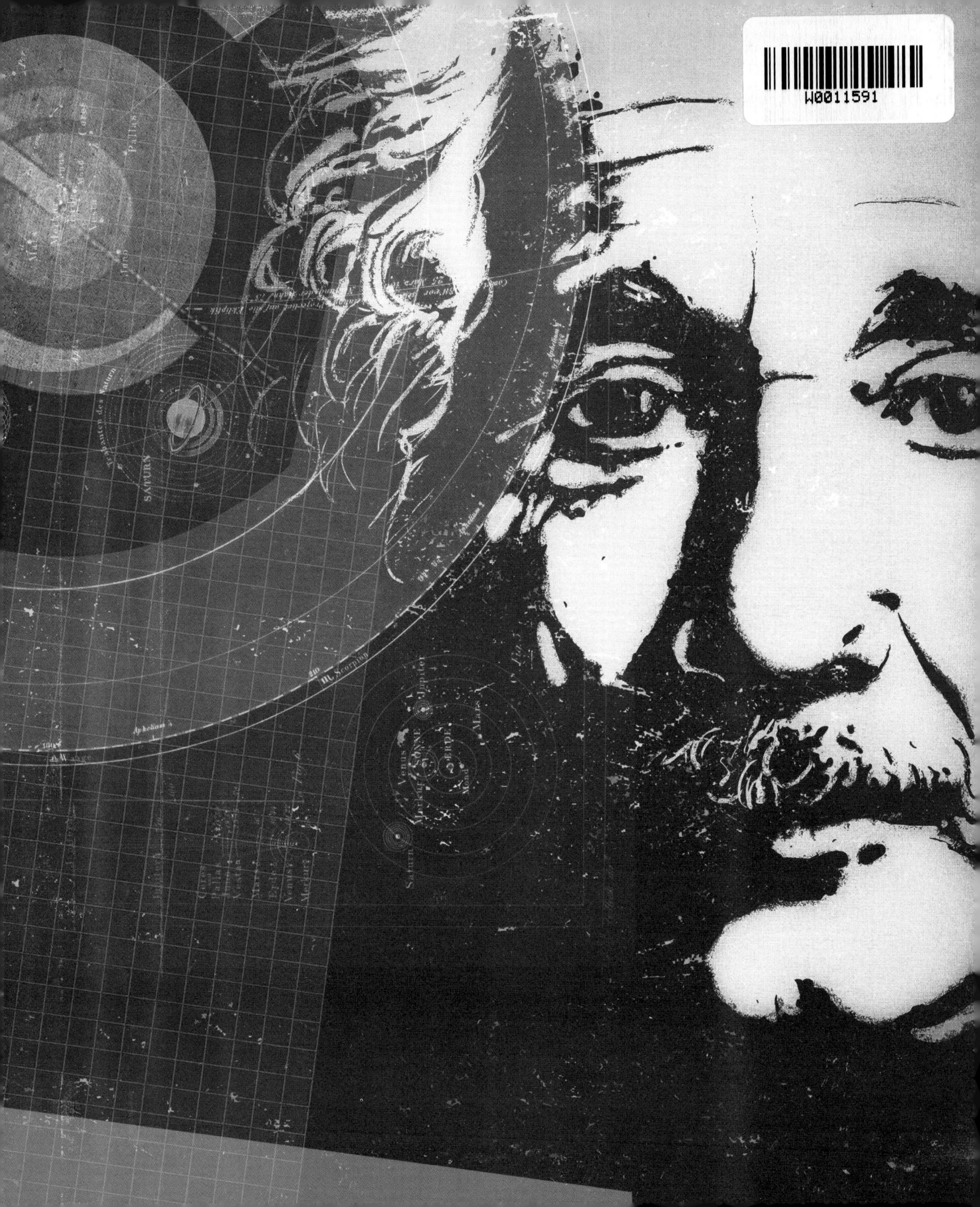

EINSTEIN

Genie und Popstar

WALTER ISAACSON

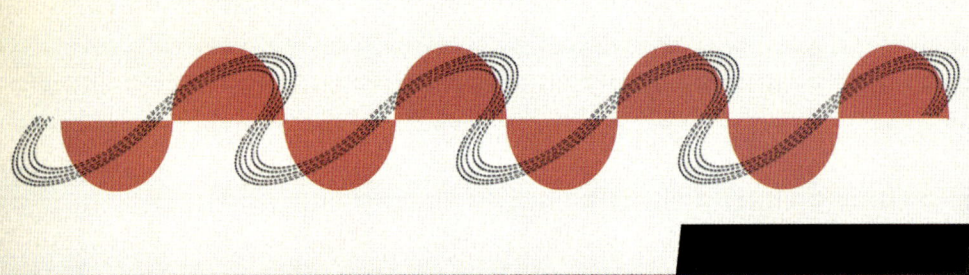

Impressum:

First published in the United Kingdom in 2009 by
Andre Deutsch, an imprint of the Carlton Publishing Group,
20 Mortimer Street, London W1T 3JW
Titel der englischsprachigen Ausgabe: Einstein. The Life of
a Genius.

Text © Walter Isaacson 2009
Design und Illustrationen © Carlton Books 2009

Übersetzung aus dem Englischen: Linde Wiesner, München
(S. 4–45; 74–77; 86-89);
Barbara Rusch, München (S. 46–73; 78–85).
Redaktion: Dr. Ulrike Kretschmer, München
Produktmanagement: Dr. Birgit Kneip
Umschlaggestaltung: Uhlig / www.coverdesign.net
Herstellung: Bettina Schippel
Gesamtherstellung: GeraNova Bruckmann Verlagshaus GmbH

Bibliografische Information der Deutschen Nationalbibliothek
Die Deutsche Nationalbibliothek verzeichnet diese
Publikation in der Deutschen Nationalbibliografie;
detaillierte bibliografische Daten sind im Internet über
http://dnb.d-nb.de abrufbar

Unser komplettes Programm:

www.bucher-verlag.de

Copyright © 2010 für die deutschsprachige Ausgabe
Bucher Verlag, München
Alle Rechte vorbehalten
ISBN 978-3-7658-1852-3

Inhalt

Wo die Physik stand

Gegen Ende des 19. Jahrhunderts schien das Fundament der Physik endgültig gelegt. Galilei hatte experimentelle Beobachtungen mit mathematischen Beschreibungen kombiniert, um ein mechanisches Bild des Universums zu entwickeln. Newton hatte auf den Entdeckungen Galileis und anderer Gelehrter aufgebaut und Gesetze der Bewegung und Erdanziehung formuliert, die ein Universum beschrieben, das — zumindest in der Theorie — vollkommen vorhersehbar war. Das Modell wurde als »klassische Mechanik« bekannt. Ursachen haben Wirkungen, Kräfte wirken auf Gegenstände ein, ein fallender Apfel und ein sich um die Erde drehender Mond unterliegen denselben Regeln.

Zu Newtons Bewegungslehre gesellte sich Mitte des 19. Jahrhunderts ein weiterer großer Fortschritt: die Entdeckung der Gesetze von elektrischen und magnetischen Feldern. Michael Faraday, dessen Leistung umso herausragender ist, bedenkt man seine fehlende Bildung und seine Herkunft als Sohn eines Schmieds, bewies, dass Magnetismus von elektrischem Strom gebildet wird und dass solch ein elektrischer Strom von den Bewegungen eines Magnetfelds geschaffen werden kann. Der schottische Physiker James Clerk Maxwell, der über die Beziehung zwischen elektrischen und magnetischen Feldern forschte, erweiterte diese Erkenntnisse.

Maxwells Theorie elektromagnetischer Felder schien zunächst kompatibel mit Newtons Bewegungslehre. Elektromagnetische Wellen wie etwa Lichtwellen hielt man lediglich für ein weiteres Phänomen im Rahmenwerk klassischer Mechanik. Man nahm an, dass die elektromagnetischen Wellen von den Vibrationen und Wellenbewegungen einer Art allgegenwärtiger physikalischer Materie gebildet würden. Diese unsichtbare Substanz,

RECHTS: *Galileo Galilei spielte für die wissenschaftliche Revolution vom Mittelalter bis in die Renaissance eine bedeutende Rolle. Einstein bezeichnete ihn als Vorläufer der modernen Physik.*

Die Theorien des Isaac Newton

Isaac Newton (1643–1727), Mathematikprofessor in Cambridge, fand Lösungen für Probleme, mit denen sich »mechanische Philosophen« wie Robert Boyle und Robert Hooke herumgeärgert hatten, und kippte ein Weltbild, das noch immer von den Vorstellungen des altgriechischen Philosophen Aristoteles geprägt war. Seine Theorie der Erdanziehung lieferte eine mechanische Erklärung der Umlaufbahnen der Himmelskörper im Sonnensystem. Seine Theorien über Bewegung, z. B. das Gesetz der Massenträgheit — dass ein Körper im Ruhezustand bleibt, bis eine Kraft auf ihn einwirkt —, erklärten viele physikalische Phänomene auf erstaunlich einfache Weise, während sich seine Entwicklung der Infinitesimalrechnung (die er »Flexion« nannte) als wertvoll für die Berechnung von Kurven und Tangenten herausstellte.

OBEN: *Titelseite von Newtons* Philosophiae Naturalis Principia Mathematica *von 1687.*

»lichtspendender Äther« genannt, spielte der wissenschaftlichen Meinung nach bei der Verbreitung von Lichtwellen eine ähnliche Rolle wie Wasser für Ozeanwellen und Luft für Schallwellen.

Angesichts all dieser Theorien traf der britische Physiker Lord Kelvin 1900 eine berühmte Feststellung: »Es gibt heute nichts mehr, was man in der Physik neu entdecken könnte«, sagte er vor der British Association for the Advancement of Science. »Was zu tun bleibt, ist, präzisere Messungen zu entwickeln.« Wir können ihn ja verstehen: Galileis, Newtons und Maxwells Kombination aus experimentellen Beobachtungen und mathematischer Analyse hatte gewonnen. Das Universum schien von Gesetzen bestimmt, und diese Gesetze konnte man anscheinend in der Sprache der Mathematik ausdrücken.

Doch just in diesem Augenblick entstanden Risse im Fundament der Physik. Man entdeckte unerwartete Strahlungsformen wie z.B.

am Polytechnikum in Zürich hatte er mit mittelprächtigem Erfolg abgeschlossen, wobei er die meisten Professoren mit seiner provokanten Art verärgert hatte. In der Folge konnte er keine Doktoranden- oder Lehrerstelle finden. Doch weil er gut darin war, Thesen und Theorien zu hinterfragen, wurde er ein recht kompetenter Patentprüfer.

Genau diese Gabe war es auch, die ihn dazu befähigte, die klassische Physik auf den Kopf zu stellen. Er war ein rebellischer Denker, der in jenem Augenblick zur Stelle war, als die Wissenschaft die alten Schichten hergebrachten Wissens, die die Risse im Fundament der Physik überdeckten, ablegen musste. Er war außerdem sehr einfallsreich, und seine Gedankensprünge blieben traditionellen Geistern verwehrt. Vor allem aber war er respektlos und hinterfragte Vorurteile, von denen die meisten Wissenschaftler nicht einmal merkten, dass sie sie hatten.

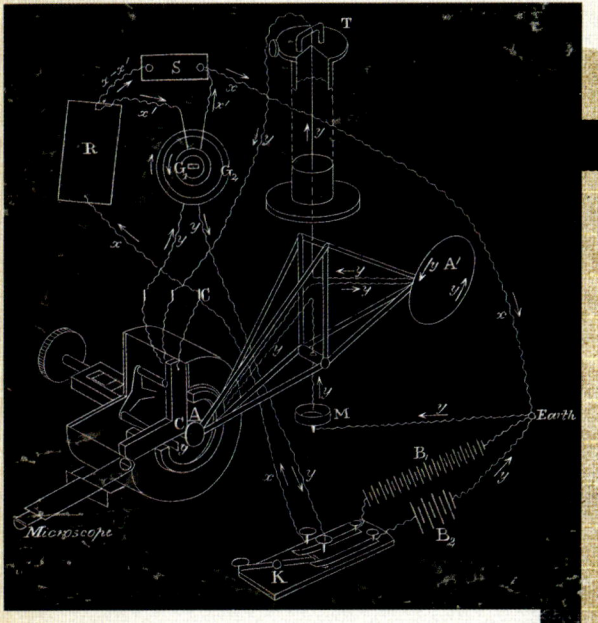

OBEN: *Der von Maxwell erfundene Apparat für den Vergleich elektrostatischer und elektromagnetischer Einheiten.*

James Clerk Maxwell (1831–1879)

Der in Edinburgh geborene James Clerk Maxwell bewies früh sein Talent für Physik und studierte an den Universitäten von Edinburgh und Cambridge, wo er 1854 seinen Abschluss machte. Zu seinen frühen Arbeiten gehörten der Beweis, dass weißes Licht aus rotem, grünem und blauem Licht besteht, und die Erklärung dafür, warum die Ringe des Saturn stabil bleiben. In den 1860er-Jahren konzentrierte er sich auf die Beziehung zwischen elektrischen und magnetischen Feldern und demonstrierte, wie Veränderungen in einem elektrischen Feld zu Veränderungen im Magnetfeld führen, die wiederum eine »elektromagnetische Welle« hervorrufen. Seine »General Equations of the Electromagnetic Field« trugen zum Verständnis elektrischen Stroms, der Stromleitung und des Magnetismus bei und lieferten einen theoretischen Rahmen für die Konstruktion elektrischer Motoren.

Röntgenstrahlen und spontane Radioaktivität. Die Untersuchung der Strahlung, die auftrat, wenn elektromagnetische Wellen mit physikalischen Objekten interagierten, zeigten, dass am Schnittpunkt von Newtons Bewegungstheorien, die einzelne Partikel beschrieben, und Maxwells Feldtheorien, die sich mit elektromagnetischen Phänomenen befassten, mysteriöse Dinge geschahen. Zudem hatten Wissenschaftler auf allen möglichen Wegen versucht, Beweise für den dubiosen »lichtspendenden Äther« zu finden – doch am Ende standen sie immer wieder mit leeren Händen da.

1905 betrat ein weiterer großer Wissenschaftler die Szene: Albert Einstein. Er war zu jener Zeit technischer Experte 3. Klasse beim Schweizer Patentamt. Sein Studium zum Mathematik- und Physiklehrer

RECHTS: *Hermann Einstein, Albert Einsteins Vater.*

Geburt und Kindheit

Besorgte Eltern und schlechte Schüler, aufgepasst: Albert Einstein war als Kind kein Einstein! Er lernte nur langsam sprechen – so langsam, dass seine Eltern einen Arzt konsultierten und das Dienstmädchen ihn »der Depperte« nannte. Aufgrund seines unabhängigen Naturells und seines Widerstands gegen Autoritäten prophezeite ein Lehrer, Einstein würde es nicht weit bringen.

Dass ihm somit der konventionelle Weg verweigert wurde, sollte, so Einstein später, zu seiner hohen wissenschaftlichen Kreativität beitragen. Und dass er so langsam sprechen lernte, führte dazu, dass er immer mehr in Bildern als in Worten dachte. Er liebte seine »visuellen Gedankenexperimente« – was wir wohl Tagträumereien nennen würden, bezeichnet ein Einstein eben als Gedankenexperimente.

Die meisten seiner großartigen wissenschaftlichen Leistungen entsprangen solchen imaginären Abenteuern. Wie könnte eine Lichtwelle aussehen, wenn man in derselben Geschwindigkeit neben ihr herläuft? Wenn eine Person auf einem Bahnsteig gleichzeitig zwei Blitze wahrnimmt, würde eine andere Person in einem vorbeifahrenden

Der Depperte
— **Dienstmädchen der Einsteins über Albert**

LINKS: *Einsteins Geburtshaus in Ulm.*

Einsteins Schwester

Albert Einsteins Schwester Maria – genannt Maja – kam zwei Jahre nach ihm zur Welt. Trotz einiger Schwierigkeiten in der Kindheit – Albert schlug ihr wiederholt mit schweren Gegenständen an den Kopf –, war sie zeitlebens seine Vertraute und zuweilen auch sein »bester Freund«. 1902 schloss sie ihr Lehramtsstudium in Aarau ab, danach studierte sie in Berlin romanische Sprachen. Anfang der 1930er-Jahre zog sie mit ihrem Mann Paul Winteler nach Florenz, doch zwang Mussolinis Antisemitismus sie, ihrem Bruder 1938 ohne Gatten in die Vereinigten Staaten zu folgen. 13 Jahre lebte sie bei Albert in Princeton. Nach einem Schlaganfall im Jahr 1948 pflegte dieser sie und las ihr allabendlich vor, von *Don Quixote* bis zu esoterischen altgriechischen Büchern. Ihr Tod 1951 stürzte Einstein in tiefe Trauer.

RECHTS: *Einstein mit Schwester Maja 1884, als er fünf und sie drei Jahre alt war.*

Zug sie ebenfalls gleichzeitig wahrnehmen? Wenn Sie in einem geschlossenen Aufzug stehen, der bis jenseits der Erdanziehung nach oben fährt, wäre dann Ihre Wahrnehmung die gleiche wie in einem geschlossenen Aufzug, der sich im Gravitationsfeld der Erde befindet?

Sein langsames Lernen veranlasste ihn, sich über alltägliche Phänomene, die wir anderen als gegeben hinnehmen, den Kopf zu zerbrechen. Als er etwa fünf Jahre alt war, schenkte ihm sein Vater einen Kompass. Einstein, der unbedingt in die Schule wollte, war so aufgeregt, als er ihn untersuchte, dass seine Hände zitterten. Die Nadel wurde von nichts berührt, zeigte aber immer gen Norden, egal, wie man den Kompass drehte. Ein unsichtbares Kraftfeld erfüllte sein Kinderzimmer und anscheinend das gesamte Universum.

Einsteins Herkunft war bescheiden: Seine Vorfahren waren jüdische Kaufleute und Hausierer aus dem ländlichen

UNTEN: *Einsteins Mutter Pauline.*

LINKS: *Die älteste bekannte Fotografie von Albert Einstein*

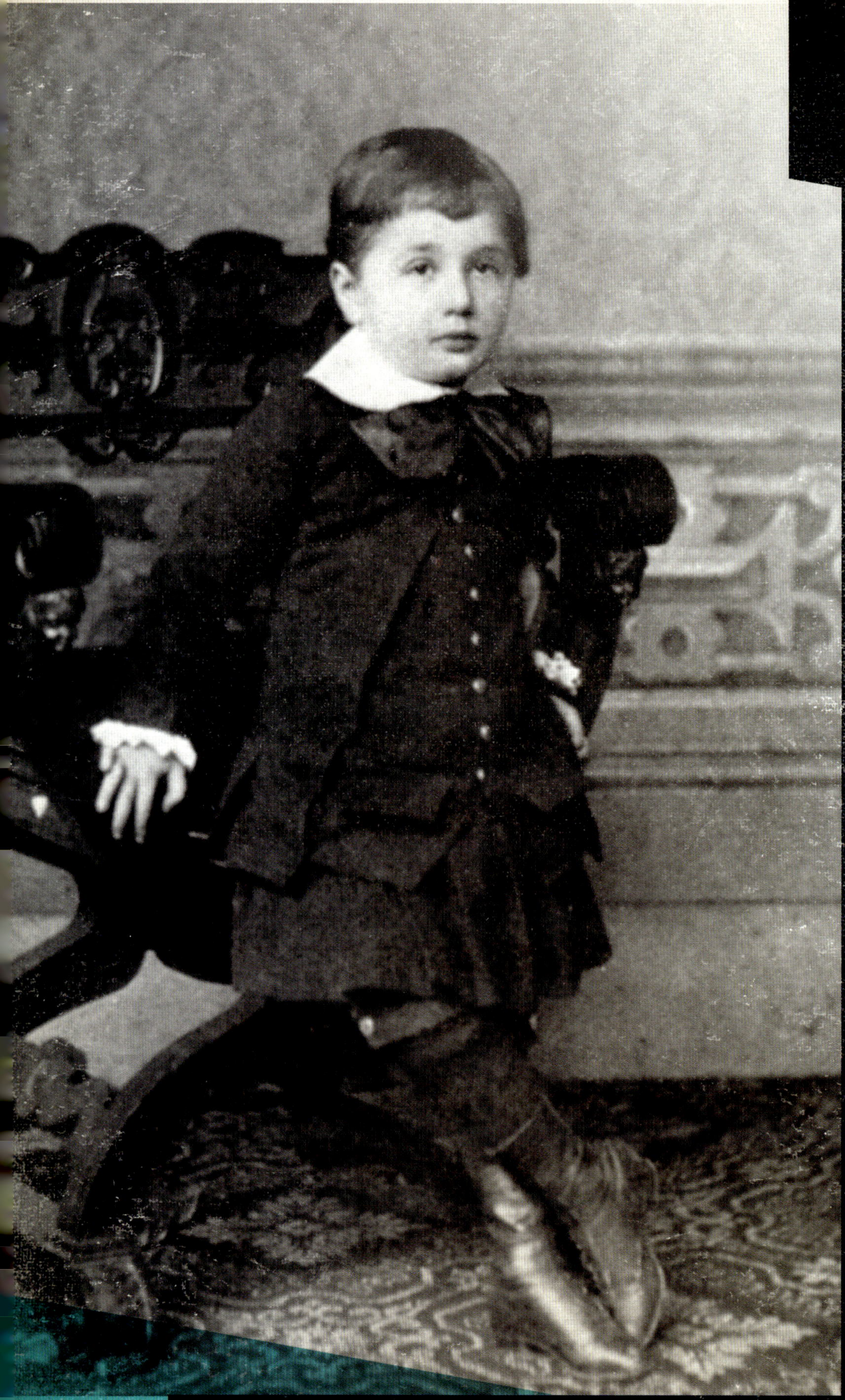

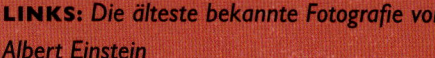

Schwaben, die zu Wohlstand gekommen und in der deutschen Gesellschaft und Kultur integriert waren. Zur Welt kam Albert am Freitag, den 14. März 1879, um 11.30 Uhr in der Stadt Ulm, deren prophetisches Motto lautete: *Ulmenses sunt mathematici* (»Ulmer sind Mathematiker«). Schwaben war gerade Teil des jungen Deutschen Reichs geworden. Alberts Eltern, Pauline und Hermann Einstein, wollten ihn eigentlich nach dem Großvater väterlicherseits Abraham nennen, fanden diesen Namen aber dann »zu jüdisch«, wie Einstein später erzählte. Sie behielten immerhin den Anfangsbuchstaben bei und tauften ihn Albert.

Als kleines Kind liebte Einstein es, aus Spielzeug komplizierte Bauwerke zu konstruieren oder bis zu 14-stöckige Kartenhäuser zu errichten. Doch seine Ausdauer und Beharrlichkeit wurden durch regelmäßige Wutanfälle ausgeglichen. So attackierte er den Kopf seiner Schwester Maja wiederholt mit harten Gegenständen.

Sein ganzes Leben hindurch bewahrte sich Albert Einstein seine besondere kindliche Begeisterungs- und Verwunderungsfähigkeit. Er glaubte, wie er später in einem Brief schrieb, dass Menschen wie er nicht altern, sondern angesichts der großen Mysterien des Universums immer ihre kindliche Neugier beibehalten. Er wunderte sich sein ganzes Leben lang über die erstaunlichen Naturphänomene, die die meisten Erwachsenen als gegeben hinnehmen. Was ist ein Magnetfeld? Warum zuckt eine Kompassnadel und zeigt dann gen Norden? Er versuchte immer, sich Sachverhalte bildlich vor Augen zu führen.

Wie wäre es, neben einem Lichtstrahl herzureiten? Wie sieht ein Gravitationsfeld aus?

Vor allem war er rebellisch genug, um jede Erkenntnis zu hinterfragen, egal, wie offensichtlich sie war. Törichter Glaube in Autoritäten, erklärte er immer wieder, sei der Feind der Wahrheit. Newton hatte dem modernen Zeitalter gewisse Theorien hinterlassen, die er am Anfang seiner *Principia* vorstellte, etwa die Annahme, dass Zeit unaufhaltsam Sekunde für Sekunde voranschreitet, unabhängig von unserer Betrachtungsweise. Solche Feststellungen mögen für andere selbstverständlich gewesen sein, aber Einstein fragte sich: Wie können wir das wissen?

RECHTS: *Einsteins Geburtsurkunde,*
ausgestellt am 15. März 1879.

Einstein und die Musik

Mit sechs Jahren bekam Albert von seiner Mutter ein Geschenk – Geigenunterricht –, das wie der Kompass sein Leben lang nachhallen sollte. Er lehnte sich zwar gegen die mechanische Disziplin auf, die sein Lehrer ihm beibringen wollte, aber nachdem er Mozarts Sonaten gehört hatte, verstand er plötzlich den kreativen Geist hinter großartiger Musik. Später erzählte er einem Freund, Mozarts Musik sei so rein und schön, dass sie eine Widerspiegelung der inneren Schönheit des Universums selbst zu sein scheine. Musik half ihm beim Denken, sie ermöglichte die Harmonie der Sphären. Und vor allem erinnerte sie ihn daran, dass ein großer Geist – sogar oder besonders auf dem Gebiet der Naturwissenschaften – nicht nur eine Sache der Intelligenz, sondern auch der Kreativität und Vorstellungskraft ist.

RECHTS: *Einstein liebte zeitlebens*
die Musik und spielte so oft wie nur
möglich Geige.

Schule

Ein netter Mythos über Einstein besagt, er sei in München wegen Mathematik durchgefallen. Diese Behauptung ist in Büchern und im Internet so weit verbreitet und wird so häufig von der Phrase »wie allgemein bekannt ist« begleitet, dass sie den Status einer belegten Tatsache erreicht hat.

Obwohl Einsteins Leben reich an köstlicher Ironie war, gehörten schlechte Mathematikkenntnisse nicht dazu. Er war schlecht in Sprachen, und wegen seiner Neigung, Autoritäten herauszufordern, war er nicht immer der Liebling der Lehrer. Aber er war gut in Mathematik, weil er die Prinzipien visualisieren konnte. Er wusste, dass eine mathematische Gleichung nur Gottes Pinselstrich für etwas in der Natur war, etwas, das man sich bildlich vorstellen konnte – so, wie ein Bild vor dem inneren Auge auftaucht, wenn man bei Homer von »rosenfingriger Morgenröte« liest. Einstein konnte sich vorstellen, wie Gleichungen in der Wirklichkeit gespiegelt werden – wie sich etwa die von James Clerk Maxwell entwickelten Gleichungen über elektromagnetische Felder in einem Jungen manifestieren, der neben einem Lichtstrahl reitet. Er glaubte immer fest

daran, dass es die Vorstellungskraft ist, – die die genauesten Einblicke in dahinterliegende Realitäten ermöglicht – und nicht bloßes Wissen oder Fakten.

Sein Onkel, der Ingenieur Jakob Einstein, weckte in ihm die Liebe zur Algebra. Auch an sie ging er mit Einbildungskraft heran. Er verglich den Prozess der Gleichungslösung mit einer Jagd, bei der der Term x die Beute ist, die man rücksichtslos verfolgen muss, bis sie erlegt – oder, mathematischer, gelöst – ist. Als Einstein dies beherrschte, legte ihm sein Onkel schwierigere Konzepte vor, u.a. den Satz des Pythagoras (das Quadrat der Länge jedes Schenkels eines rechtwinkligen Dreiecks ist gleich dem Quadrat der Länge der Hypotenuse). Einstein »bewies« diese Theorie anhand der Gleichheit von Dreiecken. Für ihn lag es auf der Hand, dass das Verhältnis zwischen den Schenkeln eines rechtwinkligen Dreiecks von einem der spitzen Winkel bestimmt wird.

Auch hier studierte er nicht einfach die Lösungswege, sondern stellte sie sich bildlich vor. In deutschen Schulen wurde auf Mathematik kein besonderer Wert gelegt. Der Satz des Pythagoras wurde und wird auswendig gelernt, statt dass er so

erklärt würde, dass vor dem inneren Auge Bilder entstehen. Einsteins Verständnis des Satzes des Pythagoras sollte sich als nützlich erweisen, als er später das visualisierte, was seine spezielle Relativitätstheorie werden sollte.

Ein weiterer Mann außerhalb der Schule hatte großen Einfluss auf Einsteins Bildung: der mittellose Medizinstudent Max Talmud, der einmal die Woche bei den Einsteins ein Abendessen bekam. Es war eine gute

Clarendon Press Series

A TREATISE

ON

ELECTRICITY AND MAGNETISM

BY

JAMES CLERK MAXWELL, M.A.

LLD. EDIN., F.R.SS. LONDON AND EDINBURGH
HONORARY FELLOW OF TRINITY COLLEGE,
AND PROFESSOR OF EXPERIMENTAL PHYSICS
IN THE UNIVERSITY OF CAMBRIDGE

VOL. I

Oxford

AT THE CLARENDON PRESS

1873

[All rights reserved]

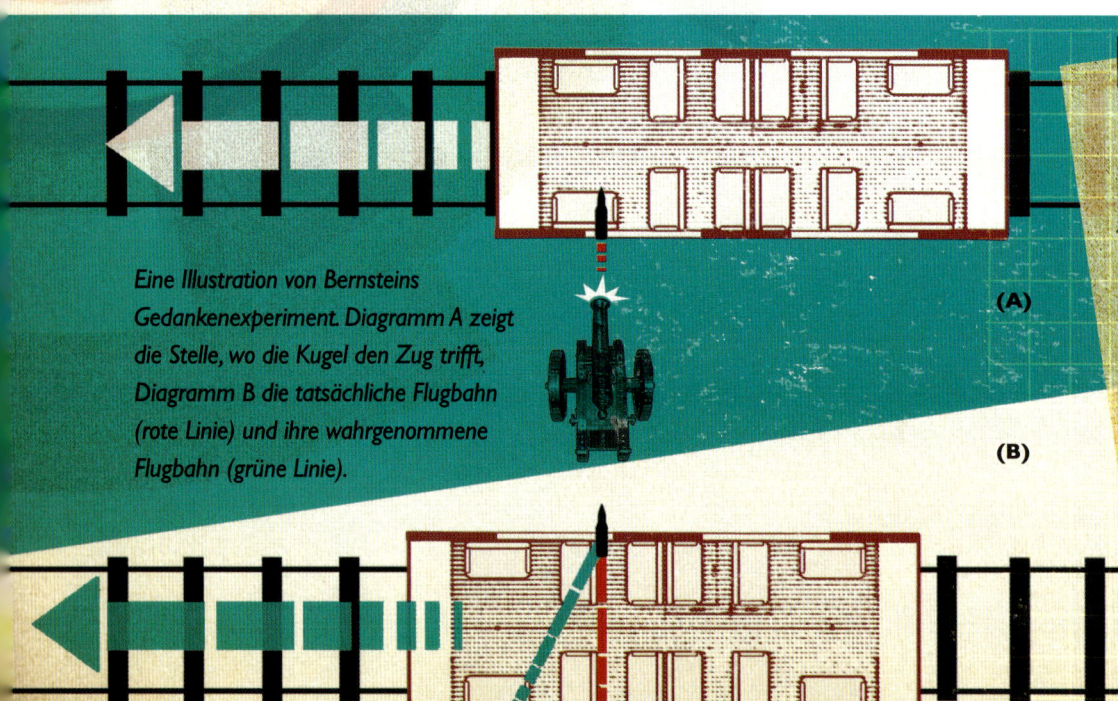

Eine Illustration von Bernsteins Gedankenexperiment. Diagramm A zeigt die Stelle, wo die Kugel den Zug trifft, Diagramm B die tatsächliche Flugbahn (rote Linie) und ihre wahrgenommene Flugbahn (grüne Linie).

(A)

(B)

Bernsteins Gedankenexperiment

Aaron Bernsteins naturwissenschaftliche Bücher weckten im jungen Einstein das Interesse an Gedankenexperimenten. Ein Thema Bernsteins war die Geschwindigkeit von Licht. In seinen Arbeiten erkennt man den Keim der Gedankenexperimente, die Einstein 15 Jahre später beim Ringen mit der speziellen Relativitätstheorie einsetzte. Bernstein stellte sich vor, wie es sei, in einem fahrenden Zug zu sein, und zeigte auf, dass eine Kugel, die den Zug durchschlägt, scheinbar eine Kurve beschreibt, da der Zug sich zwischen dem Einschlag der Kugel durch das eine Fenster und dem Austritt durch ein anderes Fenster fortbewegt. Das Gleiche musste aufgrund der Bewegung der Erde durch den Raum auch für Licht gelten, das in ein Teleskop fällt.

alte jüdische Tradition, arme Theologiestudenten zum Sabbatmahl einzuladen. Die Einsteins hielten daran fest, auch wenn ihre Einladung für den Donnerstag galt und ihr Gast ein Medizinstudent war.

Talmud begann mit seinen wöchentlichen Besuchen, als Albert zehn Jahre alt war. Er brachte populäre wissenschaftliche Bücher mit, darunter die *Naturwissenschaftlichen Volksbücher* von Aaron Bernstein, die der junge Einstein geradezu verschlang. Zuweilen verschlug es ihm den Atem angesichts der wissenschaftlichen Einblicke. Die 21 kleinen Bände waren Schatzkästlein zeitgenössischer, hauptsächlich deutscher naturwissenschaftlicher Arbeiten.

Nach dieser Lektüre gab ihm Talmud ein Geometrielehrbuch, damit er in den Freuden dieses Fachs schwelgen konnte, ehe er in der Schule damit gezwungenermaßen umgehen musste. Von diesem Buch sprach Einstein später mit nahezu ehrfürchtigem Respekt. Es enthielt erstaunlich erlesene Thesen, die mit der absoluten Sicherheit geometrischer Grundsätze bewiesen wurden. Dass sich die drei Höhenvektoren eines Dreiecks an einem bestimmten Punkt treffen, ist keineswegs offensichtlich, doch die einfachen Prinzipien, die Bernstein in seinen Büchern erklärte, lieferten einen Schlüssel zum Verständnis solcher Sachverhalte.

Obwohl seine Eltern keiner Synagogengemeinde angehörten, lebte Einstein als Junge ein paar Jahre nach jüdischem Glauben und versuchte sogar, sich koscher zu ernähren. Doch als er zwölf Jahre alt war, kurz vor seiner Bar Mizwa, führte ihn seine Liebe zur Naturwissenschaft zur plötzlichen Umkehr. Bernstein hatte in seinen Büchern die Wissenschaft mit der Religion in Einklang gebracht, indem er hinter dem Universum eine grundlegende Ursache annahm, deren Entdeckung das Werk der Wissenschaften war, deren Ahnung jedoch die religiöse Bewusstheit aller Menschen repräsentierte. Dies ist eine recht gute Beschreibung dessen, was Einstein als Erwachsener glaubte. Doch die Abkehr des rebellischen Zwölfjährigen von der Religion war radikal.

Einsteins plötzliche Ablehnung der Religion verstärkte seine natürliche Skepsis gegenüber erlerntem Wissen. Sein Argwohn gegen Dogmen und religiöse Autoritäten spiegelte sich später in seiner nonkonformistischen politischen, gesellschaftlichen und wissenschaftlichen Haltung wider. Diese Erfahrung, so Einstein später, weckte in ihm ein lebenslanges Misstrauen

LINKS: *Das Porträt des 14-jährigen Einstein entstand in München.*

Einstein und die Soldaten

Der junge Einstein sah häufig Soldaten, begleitet von Militärkapellen, an seinem Fenster vorbeimarschieren. Viele seiner Schulkameraden spielten gerne gute Soldaten und staksten hinter den Paraden her. Einstein jedoch weinte angesichts solcher Spektakel und klagte seinen Eltern, wie widerwärtig er sie fand. Er wollte nicht von militärischem Gedankengut angesteckt werden – jene, die es ohne zu hinterfragen übernahmen, waren für ihn kaum besser als Tiere. Diese Haltung führte zu Schwierigkeiten in der Schule, da er auch die Lehrweise – Drillroutine und Ungeduld gegenüber Fragen – abstoßend fand.

OBEN: *Militärparaden wie diese zu Ehren des deutschen Kronprinzen, als dieser 1896 dem Garderegiment beitrat, bestürzten den jungen Einstein.*

gegenüber allen Arten von Autoritäten. Er verglich die Ablehnung der konventionellen Art, Dinge zu tun, mit einem Schutzengel, der ihn an Orte führte, an die respektvolle Geister nie gelangen.

Als Einstein etwa 15 Jahre alt war, sank der Stern der elektrotechnischen Fabrik seines Vaters und seines Onkels. Die Familie zog nach Norditalien, wo sie bessere Voraussetzungen für ihre kleine Firma erhoffte. Albert sollte noch drei Jahre in München im Haus eines entfernten Verwandten wohnen, um die Schule abzuschließen.

Doch es kam anders. Albert, bereits als aufsässig bekannt, wurde schon bald aufgefordert, vielleicht sogar gezwungen, die Schule zu verlassen. Er überredete den Hausarzt der Einsteins, Max Talmuds älteren Bruder, ihm ein Attest über nervöse Erschöpfung auszustellen. Mit dieser Begründung fuhr er zu Weihnachten 1894 mit dem Zug nach Mailand, wo er seine Eltern davon unterrichtete, dass er nie mehr nach Deutschland zurückkehren würde. Er versprach, stattdessen zu lernen, um im nächsten Herbst am Züricher Polytechnikum (heute Eidgenössische Technische Hochschule oder Swiss Federal Institute of Technology) aufgenommen zu werden.

Aarau

Im Sommer 1895, Einstein war 16 Jahre alt, schrieb er seine erste physikalische Abhandlung, deren Thema in seiner Karriere eine bedeutsame Rolle spielen sollte: die vermutete Substanz namens »Lichtäther«. Die Wissenschaft stellte sich Licht als Welle vor und ging deshalb davon aus, dass das Universum von einer unsichtbaren Substanz durchtränkt war, die man Äther nannte und in der sich Lichtwellen in einem Kräuseleffekt ausbreiteten, ähnlich wie Wellen im Wasser. Zu jener Zeit versuchten Wissenschaftler mit allen möglichen Methoden, diesen Äther zu entdecken und die Erdbewegung in Relation zu ihm zu messen. Keine zeitigte Erfolg, aber das hielt niemanden – auch nicht den jugendlichen Einstein – davon ab, an die Existenz dieses Äthers zu glauben.

RECHTS: *Dieses Foto entstand 1910 auf der Hochzeit von Einsteins Schwester Maja und Paul Winteler.*

Einsteins Arbeit stellte Experimente vor, die erklären könnten, wie Äther sich in einem Magnetfeld verhält. Er schickte sie seinem Onkel Caesar Koch, einem Kaufmann in Belgien. Mit geheuchelter Bescheidenheit betonte er die Fehler in der Abhandlung und bezeichnete sie als naives Konstrukt eines recht unerfahrenen Jugendlichen. Er erzählte seinem Onkel auch von seinem Plan, sich am Züricher Polytechnikum einzuschreiben, merkte aber auch an, dass er das Mindestalter für diese Institution erst in zwei Jahren erreichen würde.

Ein Freund der Einsteins vermittelte beim Direktor des Polytechnikums, der sich einverstanden erklärte, das »sogenannte Wunderkind« die Aufnahmeprüfung machen zu lassen. Mathematik und Physik bestand er leicht, doch in Französisch, Politik und Zoologie fiel er durch. Der Physikprofessor Heinrich Weber erkannte Einsteins Talent und schlug vor, dass er in Zürich bleiben und seine Vorlesungen besuchen sollte, doch Einstein beschloss, ein Jahr die Schule im nahen Aarau zu besuchen. Dort fand er das Gegenteil der rigiden deutschen Pädagogik vor. Später

schrieb er, die Lehrmethoden in Aarau hätten ihn den Wert einer Erziehung schätzen gelehrt, die auf Selbstverantwortung setzt statt auf strikte Befolgung von Regeln und Respekt vor Autoritäten. Die Schule förderte Gedankenexperimente, und ebendiese visuellen Fantasien sollten ein Schlüssel zu Einsteins Erfolg werden.

In Aarau entwickelte er eines seiner berühmtesten Gedankenexperimente: Er stellte sich vor, neben einem Lichtstrahl herzureiten.

UNTEN: *Der Holzschnitt von 1882 zeigt Pestalozzi und seine Frau Anna bei der Anwendung ihrer Unterrichtsmethoden.*

Johann Heinrich Pestalozzis Lehrmethoden

Zuweilen sorgt das Schicksal für eine geradezu ideale Wendung. Dies geschah, als Einstein auf der Kantonsschule in Aarau landete. Hier lehrte man nach den Methoden, die Johann Heinrich Pestalozzi im frühen 19. Jahrhundert entwickelt hatte. In seinem 1801 erschienenen Buch *Wie Gertrud ihre Kinder lehrt* stellte der Schweizer Reformer eine Philosophie vor, die Kinder dazu anhält, selbst zu denken. Er glaubte, sie sollten durch Beobachten und Experimentieren statt durch bloßes Auswendiglernen zu einem tieferen Verständnis gelangen. Die Schule in Aarau setzte kreative Gedankenexperimente ein, die Einstein liebte. Sogar Mathematik wurde nach Pestalozzis Methode unterrichtet: Man beobachtete Objekte und kam mithilfe visueller Vorstellungskraft zu abstrakten Rechenwegen. Die Herangehensweise an grundlegende Konzepte durch Visualisierung sollte eine Schlüsselrolle in Einsteins Entwicklung spielen.

Das Polytechnikum war die zweitbeste Hochschule in der Stadt Zürich. Im Gegensatz zur Universität Zürich, die den ersten Rang einnahm, vergab das Polytechnikum keine Doktortitel. Es war lediglich eine Hochschule für das Lehramt und ein Institut für technische Ausbildung. Im Oktober 1896 schrieb sich der damals 17-jährige Albert Einstein in der Fachrichtung »Lehramt für Mathematik und Physik« ein.

Das Polytechnikum

OBEN: *Das Züricher Polytechnikum, an dem Einstein von 1896 bis 1900 studierte.*

Einstein war ein guter Student, vor allem in Physik. In seinen vier Studienjahren bekam er in allen Kursen über theoretische Physik Bestnoten. In Mathematik, besonders Geometrie, jedoch waren seine Noten schlechter. Wie er später erklärte, hatte er als Student nicht erkannt, dass ein gutes Wissensfundament in Naturwissenschaften eine wichtige Voraussetzung für die Beherrschung komplexerer mathematischer Problematiken war.

Auch wenn er ein guter Student war, kam er nicht immer gut mit den Professoren aus. Respekt vor Autoritäten gehörte nun einmal nicht zu seinem Charakter, und sie erkannten den Wert dieses aufsässigen und alles infrage stellenden jungen Mannes nicht unbedingt. Heinrich Weber, der ein Jahr zuvor Gefallen an Einstein gefunden und ihm angeboten hatte, Vorlesungen zu besuchen, war sein Haupt-Physiklehrer. In den ersten Jahren kamen sie gut miteinander aus, doch Einstein missfiel Webers historische Herangehensweise und sein fehlendes Interesse an neueren Errungenschaften in der Physik. Weber versuchte sich z. B. an keiner Erklärung

von James Clerk Maxwells Gleichungen, die beschrieben, wie elektromagnetische Wellen wie etwa Licht sich ausbreiten. »Wir haben umsonst auf die Präsentation von Maxwells Theorie gewartet«, klagte ein Kommilitone. »Vor allem Einstein war enttäuscht.« Er begann, Weber zwanglos mit »Herr Weber« statt mit »Herr Professor« anzureden.

Einsteins Geringschätzung ärgerte Weber, und am Ende der vier Jahre waren die beiden Gegner. »Sie sind ein kluger junger Mann, Einstein«, urteilte Weber, »ein sehr kluger junger Mann. Aber Sie haben einen Fehler: Sie lassen sich nichts sagen.« Das war zwar alles andere als falsch, aber Einsteins Fähigkeit, hergebrachtes Wissen zu ignorieren, war nicht unbedingt ein großes Manko, bedenkt man die Widersprüche in der Welt der Physik am Ende des 19. Jahrhunderts.

Einsteins Verhältnis zum anderen Physikprofessor am Polytechnikum, Jean Pernet,

war nur wenig besser. Pernet beaufsichtigte die praktischen Experimente, und Einstein war nie ein großer Experimentierer, was ein Grund dafür war, dass er Theoretiker wurde. In Pernets Kurs »Physikalisches Praktikum für Anfänger« bekam Einstein die schlechteste Note: eine Eins. Dies brachte dem Professor später den Ruf ein, er habe Einstein in einem Physikkurs durchfallen lassen. Dessen häufige Abwesenheit trug sicherlich zum Versagen bei und hatte im März 1899 einen Verweis des Rektors wegen »Unfleiß im Physikpraktikum« zur Folge.

Wenn Einstein denn doch in Pernets Kurs auftauchte, machte sein störrisches Verhalten alles nur noch schlimmer. Einmal erhielt er schriftliche Anweisungen für ein Experiment. »In seinem gewöhnlichen Selbstbewusstsein«, so ein Kommilitone später, »warf Einstein den Zettel natürlich in den Papierkorb.« Er lehnte es ab, Anweisungen von anderen zu befolgen,

> »Sie sind ein kluger junger Mann, Einstein, ein sehr kluger junger Mann. Aber Sie haben einen Fehler: Sie lassen sich nichts sagen.«
> **— Heinrich Weber**

Die Wintelers

Der Vater Jost Winteler, ein Griechisch- und Geschichtslehrer, war liberaler Sozialdemokrat, aufrichtig und idealistisch – Eigenschaften, die Einstein ansprachen. Er bestärkte Einstein in seiner Aversion gegen deutschen Militarismus und Nationalismus und manifestierte in seinem jungen Schützling den Glauben an Internationalismus, Pazifismus und demokratischen Sozialismus sowie die Hoffnung auf weltweiten Föderalismus, der lange Zeit Einsteins Denken prägte. Auch andere Mitglieder der Familie Winteler beeinflussten Einstein. Wintelers Frau Rosa etwa wurde für ihn eine Art Ersatzmutter, und die Tochter Marie war seine erste Freundin. Alberts Schwester Maja sollte später den Sohn des Hauses, Paul, heiraten.

OBEN: *Michele Besso verband seinen Freund Einstein noch enger mit der Familie Winteler, als er deren Tochter Anna ehelichte.*

Obwohl er selbst seine frühen Gedanken-experimente für kindisch hielt, erzählte er später, dass dieses einen direkten Bezug zu seiner speziellen Relativitätstheorie hatte. Er erkannte, dass, wenn man eine Lichtwelle in derselben Geschwindigkeit wie das Licht selbst verfolgt, die Lichtwelle in der Zeit stehen bleibt. Er tat dies jedoch als unmöglich ab.

Einsteins Gastfamilie in Aarau, die Wintelers, sollte in seinem Leben entscheidenden Einfluss haben. Niemand war überrascht, und jeder schien froh, als er sich 1895 in die Tochter Marie verliebte. Sie war 18, zwei Jahre älter als Albert, und wollte bald in einem Nachbardorf an einer Schule arbeiten. Im April 1896 schrieb er aus Italien, wo er seine Familie besuchte, seinen ersten bekannten Liebesbrief an Marie. Er betonte, wie glücklich sie ihn mache und wie er ihren Brief an sein Herz drücke, während er sich vorstellte, wie sie ihn geschrieben hatte.

Einstein war von Geburt her Deutscher, aber nicht gerne. Er verachtete die militaristische Atmosphäre im Land und fürchtete, eingezogen zu werden, falls er deutscher Bürger blieb. Mit der Erlaubnis des Vaters reichte er den Antrag auf Aufgabe der deutschen Staatsbürgerschaft ein, der im Januar 1896 bewilligt wurde.

Nun war er staatenlos und betrachtete sich auch keiner Religion zugehörig. Im offiziellen Antrag auf den Verzicht auf die deutsche Staatsbürgerschaft gab er an, keiner Konfession anzugehören. Später, als in Deutschland der Antisemitismus aufkam, stand Einstein jedoch wieder zu seiner jüdischen Identität – im Gegensatz zu vielen seiner Kollegen, die ihr Judentum dann verleugneten. Der Nonkonformist Einstein verachtete Juden, die sich anzupassen versuchten und sich bei ihren Unterdrückern anbiederten, und verglich sie mit Schnecken, die ihre Häuser aufgeben. Nichts könnte das Jüdischsein einer Person ändern. Für Einstein war die Zugehörigkeit stammes-, nicht religionsbezogen. Obwohl er keine jüdischen Glaubensmeinungen vertrat, war er stolz, zum jüdischen Volk zu gehören.

Nach einem Jahr schloss er die Schule in Aarau mit dem zweitbesten Ergebnis seiner Klasse ab und machte erneut die Aufnahmeprüfung am Polytechnikum. In Mathematik bekam er die Bestnote, obwohl er in einer Lösung eine »imaginäre« mit einer »irrationalen« Zahl verwechselte. Auch in Physik schnitt er sehr gut ab, obwohl er sich nur 75 statt der vorgesehenen 120 Minuten Zeit dafür nahm. Mit Französisch hatte er seine Probleme, doch obwohl seine Sprachkenntnisse schlecht waren, gewährt sein Aufsatz persönliche Einblicke, die ihn zum interessantesten Teil des Tests machen. Er schrieb, er wolle Mathematik- oder Physiklehrer werden und sich auf die theoretischen Aspekte dieser Fächer konzentrieren. Die Unabhängigkeit war es, die eine wissenschaftliche Karriere für ihn attraktiv machte.

FAKSIMILE: *Einsteins Abiturzeugnis der Schule in Aarau von 1896. In Geschichte, Algebra, Geometrie, Darstellender Geometrie und Physik hatte er eine 6, damals die Bestnote.*

UNTEN: *Albert Einstein (links vorne sitzend) mit seiner Aarauer Abschlussklasse 1896.*

und führte die Experimente so durch, wie es ihm gefiel. Schließlich resultierte sein Eigensinn in einem Unfall: Im Juli 1899 verletzte sich Einstein bei einer Explosion im Labor an der rechten Hand. Die Wunde musste im Krankenhaus genäht werden.

Musik war immer eine der großen Leidenschaften Albert Einsteins. Sie war für ihn die direkte Verbindung mit der Harmonie, die hinter dem Universum stand. Das Genie der großen Komponisten lag für Einstein in ihrer Fähigkeit, aus mehr als Worten eine Ordnung zu schaffen. Die Schönheit dieser Harmonie spürte er nicht nur in der Musik, sondern auch in der Physik.

Eines Abends hörte er in seiner Pension, wie eine ältere Dame, die im Dachgeschoss des Nebenhauses Klavierunterricht gab, eine Klaviersonate von Mozart spielte. Er ergriff seine Geige, eilte hinaus und stürmte die Treppen des Nachbarhauses hinauf. Trotz ihres Schreckens spielte sie auf sein Bitten hin weiter, und innerhalb weniger Minuten spielten die beiden ein Duett, in dem die Geige die Mozartsonate begleitete.

Einstein bewunderte vor allem die klare Struktur in der Musik Mozarts und Bachs. Ihre Melodien schienen direkt vom Universum zu stammen, statt bewusst komponiert zu sein – so wie auch seine eigenen wissenschaftlichen Theorien. Während Beethovens Musik offensichtlich einem kreativen Akt des Komponisten entsprang, schien Mozarts Musik eine Reinheit zu besitzen, die sie eins mit dem Universum machte, zeitlos und nicht konstruiert. Beethoven war in der Tat wenig nach seinem Geschmack, und die Tatsache, dass die Musik so viel über ihren Schöpfer verriet, beunruhigte ihn.

Schon am Polytechnikum pflegte Einstein die etwas zerzauste und unordentliche Erscheinung, die ihn später zum Abziehbild des zerstreuten Professors machen sollte. Häufig vergaß er auf Reisen, Kleidung mitzunehmen, und seine Wirtin machte sich darüber lustig, dass er ständig seine Schlüssel verlegte. Bei einem Besuch bei Freunden der Familie hatte er seinen Koffer vergessen, und sein Gastgeber bemerkte seinen Eltern gegenüber: »Dieser

Mann wird es nie zu etwas bringen, weil er alles vergisst.«

Da Einstein ein typischer Student war – unbekümmert und ichbezogen –, war es klar, dass seine Beziehung zu Marie Winteler nicht lange halten würde. Zunächst pflegte er noch eine seltsame Korrespondenz mit der liebreizenden, jedoch kapriziösen Tochter seiner Aarauer Gastgeber und schickte ihr seine Schmutzwäsche mit der Post, häufig ohne jede Zeile. Marie versuchte noch immer, ihn bei Laune zu halten, und schrieb ihm von ihrer Fahrt zur Post, um seine frisch gewaschene Wäsche abzugeben, wie sie »im Regen den Wald durchquerte. Umsonst hab ich meine Augen auf der Suche nach einer kleinen Notiz angestrengt, doch der bloße Anblick deiner lieben Handschrift in der Adresse war genug, um mich glücklich zu machen.«

Als Einstein die Beziehung beendete, rechtfertigte er sich in einem Brief an ihre Mutter. Der Brief belegt, wie Einstein schon damals die Konsequenzen emotionaler Verpflichtungen scheute und die Wissenschaft als Fluchtweg aus »rein persönlichen« Problemen nutzte. Er rechtfertigte sich damit, dass er das Leid, das er Marie durch den plötzlichen Bruch zufügte, mit ihr teile. Doch er wolle sich nun intellektuellen Herausforderungen und der Kontemplation über Gottes Werk im Universum stellen, um diese schwere Zeit zu überstehen.

Marcel Grossmann (1878–1936)

Als Student fand man Einstein häufig in Begleitung eines oder zweier guter Freunde. Sein engster Vertrauter war Marcel Grossmann, der Sohn eines wohlhabenden jüdischen Fabrikbesitzers. Grossmann war eine wertvolle Quelle von Mitschriften für Einstein, der bei Vorlesungen häufig durch Abwesenheit glänzte. Später gab Einstein zu, wie viel er Grossmann zu verdanken hatte. Er mochte sich gar nicht vorstellen, wie seine Noten ohne die Aufzeichnungen seines Freundes ausgesehen hätten. Die beiden verbrachten lange Nachmittage damit, in Zürichs Café Metropole an der Limmat Eiskaffee zu trinken und zu rauchen. »Dieser Einstein wird eines Tages ein großer Mann sein«, versicherte Grossmann seinen Eltern. Er selbst trug zu Einsteins künftigem Ruhm bei, indem er ihm zur ersten Anstellung beim Schweizer Patentamt verhalf und ihn bei den Berechnungen unterstützte, die die spezielle Relativitätstheorie zur allgemeinen Theorie umformten.

RECHTS: *Die Fotografie von 1895 zeigt Einsteins etwas zerzaustes Erscheinungsbild, das sicherlich zum Klischee des zerstreuten Professors beitrug.*

Mileva Marić

Im Fachbereich Mathematik und Physik am Züricher Polytechnikum gab es nur eine einzige Frau. Zu jener Zeit wurden Mädchen in der Wissenschaft nicht eben gefördert, doch Mileva Marić bildete die Ausnahme. Ihre Vorfahren waren einfache serbische Bauern gewesen, ihr Vater jedoch hatte beim Militär Karriere gemacht und gut geheiratet, sodass er genügend Mittel hatte, damit er seine talentierte Tochter in ihrem Versuch, in die Männerdomäne Wissenschaft einzudringen, unterstützen konnte.

Milevas Ausbildung war anstrengend, aber sie war immer Klassenbeste; so auch am Königlichen Obergymnasium in Zagreb, eigentlich eine reine Jungenschule, an dem sie dank des Einsatzes ihres Vaters aufgenommen worden war. Nach dem Abschluss, mit Bestnoten in Physik und Mathematik, kam sie mit knapp 21 Jahren ans Polytechnikum in Zürich.

Mileva Marić war nicht besonders hübsch oder charmant. Wegen eines angeborenen Hüftfehlers hinkte sie, und sie wirkte immer irgendwie verzagt. Aber sie hatte Qualitäten, die Einstein anziehend fand: die Leidenschaft für Naturwissenschaften und eine grüblerische Seele. Ihr Blick war tief und intensiv, ihr Gesicht verströmte einen faszinierenden Hauch von Melancholie. Sie sollte der Grundpfeiler in Einsteins Leben, seine Geliebte, Ehefrau und Sparringspartnerin werden. Das emotionale Umfeld, das sie schuf, und die Macht, die sie auf ihn ausübte – mal anziehend, mal zurückweisend –, waren so stark, dass der Wissenschaftler, der doch viel verwirrendere Rätsel löste, es nicht begriff.

Sie verliebten sich ineinander, als sie im Sommer 1897, knapp ein Jahr nach ihrem ersten Treffen, wandern waren Von den neuartigen Gefühlen für Einstein verwirrt, beschloss Mileva, etwas Abstand zu nehmen, und schrieb sich für kurze Zeit an der Universität Heidelberg ein.

Kurz nach ihrer Ankunft in Heidelberg schrieb sie Einstein einen Brief, der die Eigenschaften unterstreicht, die Einstein an ihr so mochte. Mileva war völlig anders als die charmante, kapriziöse Marie Winteler und neckte ihn, indem sie vorgab, kaum an ihn gedacht zu haben, außer als sie seinen langen Brief erhalten hatte. Es sei schon eine Weile her, schrieb sie, seit sie seinen Brief bekommen habe; sie hätte sofort geantwortet und ihm für das Opfer, vier lange Seiten geschrieben zu haben, gedankt. Auch hätte sie ihm die Freude mitgeteilt, die er ihr mit ihrem Ausflug gemacht habe – doch er habe gesagt, sie solle ihm schreiben, wenn ihr langweilig sei. Und so gehorche sie und warte auf Langeweile – bisher vergebens.

Einstein war von Milevas gegensätzlichen Facetten angetan: von ihrer Ungezwungenheit und ihrer Reife, ihrer Lässigkeit und Fokussiertheit, ihrer Leidenschaft und Kühle. Diese Kombination mag eigentümlich

RECHTS: *Mileva Marić, die serbische Physikerin und Mathematikerin, sollte Albert Einsteins erste Ehefrau werden.*

Einsteins Mutter und Mileva

Nach dem Studienabschluss reiste Einstein 1900 ins Schweizer Bergdorf Melchtal, wo seine Familie ihren Sommerurlaub verbrachte. Seine Mutter hatte Mileva bislang nicht kennengelernt, doch was sie über sie hörte, gefiel ihr gar nicht. Sie fragte ihren Sohn sofort, was mit Marić werden würde. Einsteins beiläufige Antwort, sie würde wohl seine Frau werden, provozierte eine heftige Reaktion seiner Mutter, die, wie er später erzählte, zu ihrem Bett rannte und mit dem Kissen über dem Gesicht bitterlich weinte. Es war nicht so sehr, dass Mileva nicht jüdisch war, weshalb sie sie ablehnte, das war auch die von ihr favorisierte Marie Winteler nicht. Sie war, wie seine Freunde, eher wegen Milevas Alter – sie war drei Jahre älter als Albert –, ihrer Launenhaftigkeit, ihrer körperlichen Gebrechen und ihres fehlenden guten Aussehens besorgt.

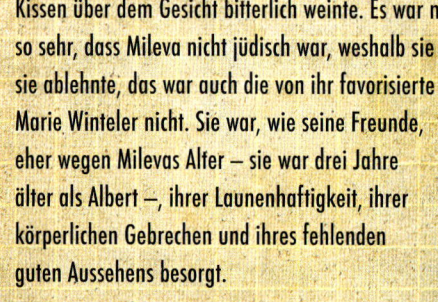

RECHTS: *Pauline Einstein um das Jahr 1900. Etwa zu dieser Zeit stand Einsteins Beziehung mit Mileva in ihrer Blüte.*

Mileva in Heidelberg

Marić scheint die Zeit in Heidelberg genossen zu haben. Besonders lohnend fand sie die Vorlesungen von Philipp Lenard. Dass sie die Universität Heidelberg geistig stimulierte, spiegelt sich in ihrem Austausch mit Einstein wider. Sie erzählte ihm geradezu aufgeregt, dass Lenard über die kinetische Theorie von Hitze und Gasen referiere; oder sie erläuterte die Ideen über das Unendliche, das Einstein vorher thematisiert hatte: »Ich glaube nicht, dass die Struktur des menschlichen Gehirns schuld daran ist, dass man das Unendliche nicht begreifen kann. Ein unendliches Glück kann sich der Mensch so gut denken. Und das Unendliche des Raums soll er fassen können — das müsste, glaube ich, noch viel leichter sein.«

scheinen, spiegelte sich jedoch auch in Einsteins eigener Persönlichkeit. Er versuchte alles, um Mileva zu überreden, wieder ans Polytechnikum zurückzukehren. Zu seiner Überraschung beschloss sie dies im Februar 1898 tatsächlich. Diese Entscheidung sollte sie nicht bereuen, schrieb er ihr, und drängte sie, so bald wie möglich nach Zürich zu kommen.

Einige Monate später zog sie in eine Pension in Zürich, wenige Blocks von Einstein entfernt. Sie wurden ein Paar, teilten Bücher und tauschten Intimitäten und Schlüssel aus. Einsteins Freunde verwirrte diese Beziehung: Mit seinem guten Aussehen und seiner Sinnenfreude hätte er fast jede Frau haben können, doch er hatte eine eher unscheinbare, hinkende Serbin mit melancholischem Gemüt gewählt. »Ich wäre nicht mutig genug, eine Frau zu heiraten, die nicht völlig gesund ist«, sagte ein Kommilitone. Einstein antwortete, die Schönheit ihrer Stimme mache Mileva unwiderstehlich.

Sie waren tatsächlich Seelenverwandte und fühlten sich sowohl intellektuell als auch spirituell voneinander angezogen. Sie hielten sich für ein Elitepaar akademischer Außenseiter. Sie lehnten die Normen der bürgerlichen Gesellschaft ab und suchten ein Gegenüber, das ihre intellektuellen Bedürfnisse befriedigte, einen praktischen Partner, Kollaborateur. Einstein schrieb an Mileva, er habe den Eindruck, sie seien Zwillingsseelen, die sich an den gleichen Dingen erfreuten. Es waren die alltäglichen Sachen, die sie verbanden: eine Umarmung, ein Spaziergang, Kaffee-Aufbrühen oder auch ein Streit. Und freilich schätzte er ihre intellektuelle Kameradschaft und ihr gemeinsames Studium. Er war sehr stolz, dass seine Freundin in Bälde einen Doktortitel haben würde.

Ihre romantische und intellektuelle Bindung waren verwoben. Als er 1899 mit seiner Familie Urlaub machte, beklagte er sich, seine Lektüre von Helmholtz sei ruiniert, weil sie nicht dabei war. Mit ihr an der Seite zu arbeiten war für ihn beruhigend und aufregend zugleich.

Sein Studium beendete Einstein mit einer wirklich durchschnittlichen Durchschnittsnote von 4,9 und war damit der Viertbeste in seiner gerade einmal fünfköpfigen Klasse. Ein krasser Gegensatz zu seinem Zwischenexamen 1898, als er mit 5,7 Klassenbester war. Dass er in der Schule wegen Mathematik durchgefallen sei, ist zwar völlig aus der Luft gegriffen; dass er sein Studium als (fast) Klassenschlechtester abschloss, ist jedoch Tatsache.

Einstein hatte gerade genug getan, um im Juli 1900 sein Diplom zu bekommen. Mileva Marić hatte nicht so viel Glück. Sie war die Einzige, die mit 4,0 noch schlechter als Einstein abschnitt, und fiel durch. Unverzagt blieb sie am Polytechnikum und versuchte es im Jahr darauf erneut.

Einsteins Gefühle für sie konnten weder ihr akademischer Misserfolg noch der Widerstand seiner Familie schmälern. Seine Ausdrucksweise war zuweilen farbenfroh; so bezeichnete er Mileva als wildes Gossenmädchen und gestand, sie durch und durch und hoffnungslos zu lieben. In einem Gedicht für sie ließ er das Feuer ihrer Leidenschaft sogar ihr Kissen in Flammen setzen.

17

Im Frühjahr 1901 bat Einstein Marić, mit ihm Urlaub zu machen, obwohl er noch nicht bereit war, seinen Eltern die Stirn zu bieten und sie zu heiraten. Weil sie so traurig über die Haltung seiner Eltern war, schlug Einstein vor, eine Woche an einem der romantischsten Plätze der Welt zu verbringen: dem juwelengleichen Comer See in den Alpen zwischen Italien und der Schweiz. In diesem Urlaub wurde Mileva schwanger.

Dass sie Einsteins Kind erwartete, stürzte sie in ein Dilemma. Sie wollte ihre Abschlussprüfungen am Polytechnikum wiederholen, promovieren und Physikerin werden. Sie hatte so viele Jahre auf dieses Ziel hingearbeitet, und nun drohte die Mutterschaft allen emotionalen und finanziellen Aufwand zunichtezumachen. Es wäre einfach gewesen, die Schwangerschaft abzubrechen: Zürich war so etwas wie ein Zentrum der aufkeimenden

RECHTS: *Einsteins erste veröffentlichte wissenschaftliche Arbeit kam im März 1901 heraus, etwa zu der Zeit, als Mileva schwanger wurde. In Briefen über die Schrift sprach Einstein häufig von »unserer« Arbeit, was eine Debatte zur Folge hatte, inwieweit Mileva in seine wissenschaftliche Arbeit involviert war.*

Lieserl

UNTEN: *Ein Uferabschnitt des Comer Sees, wie er ausgesehen haben könnte, als Einstein und Mileva 1901 dort Urlaub machten.*

Geburtenkontrolle geworden und hatte u.a. ein Versandhaus für Abtreibungsmittel.

Doch Mileva beschloss, das Kind zu bekommen, auch wenn der Vater sie nicht heiraten wollte. Ohne Trauschein Kinder in die Welt zu setzen, war zu jener Zeit sehr ungewöhnlich. Dennoch waren von den in Zürich im Jahr 1901 geborenen Kindern zwölf Prozent unehelich. Unter den österreichisch-ungarischen Bürgern war die Anzahl recht hoch und erreichte in Südungarn 30 Prozent, in Serbien noch mehr. Unter Juden war der Prozentsatz unehelicher Kinder jedoch der niedrigste.

Albert Einstein musste jetzt ernsthaft über seine Zukunft nachdenken. Er war zu jener Zeit als Teilzeithauslehrer nur geringfügig beschäftigt. Weil er seine Professoren gegen sich aufgebracht hatte, war ihm keine Lehrer- oder Doktorandenstelle angeboten worden, und er konnte auch kein Empfehlungsschreiben für eine gute Stelle vorweisen. Nun, da sie ein Kind von ihm erwartete, versprach Einstein Mileva, er würde schon irgendwie eine feste Anstellung finden, egal, wie bescheiden die Position auch sei. Niemand, so fügte er entschlossen an, würde dann noch auf sie herabschauen können.

Einstein und Mileva am Comer See

Ende April 1901 bestellte Einstein Mileva nach Como. Eine Weigerung ließ er nicht gelten, und er befahl ihr, seinen blauen Morgenmantel mitzubringen, in den sie sich beide einwickeln würden. Er versprach ihr eine unvergessliche Reise, und an einem Sonntagmorgen im Mai wartete er mit klopfendem Herzen am Bahnhof auf sie. Nach einer Nacht im hiesigen Hotel wanderten sie durch die Schweizer Berge. Als sie einen Pass schneebedeckt vorfanden, fuhren sie mit einem gemieteten Schlitten weiter. In den Tagen darauf erinnerte sich Einstein an die herzliche Umarmung und wie sie sich aneinanderdrückten, schön und vollkommen natürlich. In dieser Zeit zeugte Albert Einstein die Tochter, die er niemals sehen sollte.

Einstein hielt Lieserls Geburt vor seiner Familie und seinen Freunden geheim. Anscheinend hat er auch später niemanden ins Vertrauen gezogen und von seiner Tochter erzählt. Das Mädchen wurde offenbar zur Adoption freigegeben, und so viel man heute weiß, hat Einstein es nie gesehen. Er sprach nie in der Öffentlichkeit über seine Tochter und gab niemals auch nur einen Hinweis auf ihre Existenz. Nie erwähnte er sie in Briefen, außer in jenen an Mileva, die bis 1986 verschlossen blieben. Erst dann erfuhr die nichtsahnende akademische Welt von Lieserl.

In den wenigen erhaltenen Briefen wird Lieserl zwei Jahre später, im September 1903, zum letzten Mal erwähnt. Wahrscheinlich starb sie an Scharlach, was man jedoch nicht mit Sicherheit sagen kann. Wir wissen nur, dass sie niemals nach Bern kam, wo ihr Vater seinen ungestörten Frieden und die Aura eines respektablen Bürgers aufrecht erhielt, die für seine Suche nach einer Anstellung beim Schweizer Staat vonnöten war.

Mileva versagt im Studium

Mileva wurde während der Schwangerschaft krank und musste das Bett hüten. Dies und die Angst vor der bevorstehenden Niederkunft erschwerten ihr Studium; Einstein machte die Lage nicht besser, als er trotz ihrer Bitten, er möge kommen und den Segen ihrer Eltern einholen, sie nicht in Novi Sad besuchte. Ende Juli 1901 wiederholte sie ihre Abschlussprüfungen, fiel jedoch erneut durch. Sie bekam die exakt gleiche Note wie beim ersten Mal – 4,0 –, und wieder war sie die Einzige ihrer Studiengruppe, die nicht bestand.

OBEN: *Albert Einstein, um 1900.*

Einsteins Entscheidung verbesserte die Laune Milevas, die in Zürich eine schwierige Schwangerschaft durchlebte, entscheidend. Da er nun auf Arbeitssuche war, wollte sie zu ihm ziehen. Dazu war Einstein jedoch noch nicht bereit. Zu ihrer Bestürzung verbrachte er den Sommer nicht mit ihr, sondern machte erneut in den Alpen Urlaub, diesmal mit Mutter und Schwester.

Sie zog zu ihren Eltern nach Novi Sad, wo sie Anfang 1902 ihr Kind gebar, eine Tochter, die sie und Einstein Lieserl nannten. Einstein war zur Zeit der Geburt nicht bei ihr, sondern in Bern, wo er auf die Entscheidung, ob er die Stellung im Schweizer Patentamt bekommen würde, wartete. In einem Brief an Mileva fragte er, wie das Baby aussehe und ob sie selbst gesund sei. Er spekulierte, wem das Kind wohl ähnlich sehe und wie man am besten für die Tochter sorgen könne. Obwohl er Lieserl noch nicht gesehen hatte, erklärte er, sie zu lieben.

Das Baby brachte Einsteins verschrobene Seite ans Tageslicht. In philosophischer Manier bemerkte er, dass das Kind zwar von Natur aus weinen könne, das Lachen jedoch später erlernen müsse. Doch seine Liebe für das Baby scheint wohl hauptsächlich abstrakt gewesen zu sein – jedenfalls war sie nicht groß genug, um sich auf den Weg nach Novi Sad zu machen.

UNTEN: *Einstein mit seiner ersten Frau Mileva, 1905. Da hatte Mileva bereits ihr Studium aufgegeben, um sich ganz der Rolle als Ehefrau und Mutter zu widmen.*

Patentamt

David Humes Theorien

Einstein sagte einmal, den größten Einfluss habe der schottische Empiriker David Hume (1711–1776) auf ihn ausgeübt. Dessen Theorien bildeten den Höhepunkt einer philosophischen Tradition, der auch Locke und Berkeley angehörten, und die Vertrauen in Wissen, das nicht direkt der Vernunft entstammte, ablehnte. Er hinterfragte die intuitiven Gesetze der Kausalität und behauptete, nur weil ein Ereignis – etwa ein Ball, der einen anderen durch Berührung veranlasst zu rollen – immer wieder, scheinbar unweigerlich, eintritt, dies dennoch nicht immer der Fall sein muss. Hume wandte seinen Empirismus auf das Konzept der Zeit an und bestritt, dass sie unabhängig von Veränderungen an Objekten, mit denen wir ihren Verlauf messen, existiere. Die Behauptung, dass absolute Zeit keine Bedeutung habe, spiegelt sich in Einsteins späteren Arbeiten wider.

OBEN: *Das berühmte Porträt von David Hume stammt von dem englischen Maler David Martin. Einstein sagte, Humes Ansichten hätten ihn bei der Entwicklung seiner speziellen Relativitätstheorie beeinflusst.*

OBEN: *Die Kramgasse 49 in Bern. Hier wohnte Einstein, als er am Patentamt arbeitete und seine* Annus Mirabilis-*Schriften schuf.*

Einsteins Leben war voller Überraschungen, doch eine der größten waren die Probleme, die er dabei hatte, eine akademische Laufbahn einzuschlagen. Ganze neun Jahre, eine außergewöhnlich lange Zeitspanne, dauerte es, bis er außerordentlicher Professor wurde. Und noch erstaunlicher ist es, dass man ihn erst vier Jahre, nachdem er mit seinen *Annus Mirabilis*- oder »Wunderjahr«-Schriften die Physik revolutioniert hatte, als geeignet für eine akademische Anstellung betrachtete. Keiner seiner Professoren am Polytechnikum hätte ihm eine positive Empfehlung gegeben.

Neben der Arbeitssuche verfasste er weiterhin Physikschriften, von denen anscheinend keine präsentabel genug war, um als Dissertation akzeptiert zu werden. Die erste Schrift handelt vom Kapillareffekt, dem Phänomen, das auftritt, wenn Wasser in einem Strohhalm nach oben steigt. Später schätzte Einstein diese frühe Arbeit gering und bezeichnete sie als wertlos. Sie ist dennoch bezüglich der Entwicklung seiner Gedankengänge von Interesse, da er darin eine Idee erläutert, die ihn fünf Jahre lang beschäftigen sollte – dass Atome und Moleküle existieren und dass verschiedene Phänomene in der Natur durch die Untersuchung ihres statistischen Verhaltens erklärt werden können.

Schließlich bekam Einstein eine Chance. Marcel Grossmann, der Studienfreund, der ihm seine Mathematikmitschriften überlassen hatte, besaß eine familiäre Verbindung, die Einstein zu einer Anstellung am Schweizer Patentamt in Bern verhelfen sollte. Gesucht wurde ein technischer Experte 3. Klasse, die rangniedrigste Stellung, da für Experten 1. und 2. Klasse eine Promotion Voraussetzung war, und in Zürich hatte man Einsteins Dissertationseingaben wiederholt abgelehnt.

Im Juni 1902 wurde Einstein eingestellt. Das Patentamt befand sich im Berner Postgebäude nahe der Stelle, wo der berühmte Glockenturm eines der mittelalterlichen Stadttore überragt. Wenn die Uhr zur vollen Stunde schlug, kam eine Parade von Figuren heraus, darunter ein Narr, tanzende Bären, ein Ritter in voller Rüstung und schließlich Chronos, der Gott der Zeit, mit einer Sanduhr in der Hand. An den Bahnsteigen des Bahnhofs ganz in der Nähe standen stattliche Uhren, die mit jener im Turm synchron liefen. Die Zugführer aus anderen Städten überprüften während der Fahrt durch Bern mit einem Blick auf die Turmuhr ihre eigenen Zeitmesser.

In dieser Umgebung verbrachte Einstein die sieben produktivsten Jahre seines wissenschaftlichen Lebens. An sechs Tagen die Woche fing er um 8 Uhr an, Patente zu prüfen, selbst nachdem er mit eigenen Schriften

21

die Physik revolutioniert hatte. Einem Freund erzählte er von seinem Alltag: Acht Stunden saß er im Patentamt, dann gab er eine Stunde lang Privatunterricht, erst danach konnte er sich seiner wissenschaftlichen Tätigkeit widmen.

Aber er muss uns nicht leid tun. Die Stelle am Patentamt war ein Geschenk des Himmels, besser als eine Assistenzprofessur an einer Universität. Er wäre dort nicht gut aufgehoben gewesen, weil er, um den Professoren zu gefallen, nach dem konventionellen Lehrsatz unterrichten und harmlose Publikationen abliefern hätte müssen. Stattdessen durfte er bei der Prüfung von Patenteingaben das tun, was er am besten konnte: alles hinterfragen und durchleuchten und sich vorstellen, wie die vorliegenden Konzepte in der Praxis funktionierten. Die Konzentration auf realistische technische und physikalische Fragen war seine intellektuelle Rettung. Er verstand besser als viele seiner wissenschaftlichen Zeitgenossen, welche praktischen Auswirkungen theoretische Konzepte tatsächlich haben würden.

Unter den Patenten, die er prüfte, waren viele Geräte zur Gleichschaltung von Uhren. Die Schweiz hatte die standardisierte Zeit eingeführt, und wenn es in Bern 7 Uhr schlug, sollte es genau in diesem Augenblick auch in Zürich 7 Uhr schlagen. Die Vorrichtungen hatten eine Gemeinsamkeit: Um zwei voneinander entfernt stehende Uhren gleichzuschalten, muss es ein Signal zwischen ihnen geben, und

FAKSIMILE: *Die Akademie-Olympia-Urkunde zeichnete Maurice Solovine für Einstein.*

LINKS: *Die Mitglieder der Akademie Olympia: Conrad Habicht, Maurice Solovine und Albert Einstein (von links nach rechts). Die Aufnahme entstand um das Jahr 1902.*

UNTEN: *Fotografie von Ernst Mach, 1910. Einstein bezeichnete Machs Theorien als Vorläufer der Relativitätstheorie, doch Mach selbst widersprach dem später.*

das typische Signal, ob nun per Licht oder Funk oder elektrisch, ist mit Lichtgeschwindigkeit unterwegs. Schon lange dachte Einstein an das Gedankenexperiment, das er einst mit 16 Jahren durchgeführt hatte: wie es wäre, eine Lichtwelle einzuholen.

Einstein war in Bern in einen Freundeskreis eingebunden, der gerne über Ideen diskutierte. Dazu gehörten Conrad Habicht, der am Züricher Polytechnikum Mathematik studiert hatte, und der Rumäne Maurice Solovine, Philosophiestudent an der Berner Universität. In satirischer Anlehnung an ernsthafte akademische Gesellschaften nannten sie sich Akademie Olympia. Als Ältester wurde Einstein zum Präsidenten ernannt, und Solovine zeichnete eine Urkunde mit dem Porträt Einsteins, gekrönt von einer Wurstkette.

Die spätabendlichen Debatten der Freunde wurden oftmals von einem Geigenkonzert Einsteins abgerundet, im Sommer betrachteten sie auch gerne von einem Hügel am Stadtrand aus den Sonnenaufgang. Laut Solovine machten die funkelnden Sterne großen Eindruck auf die Freunde und führten schließlich zu einer Diskussion über Astronomie. »Wir staunten über die Sonne, während sie sich langsam

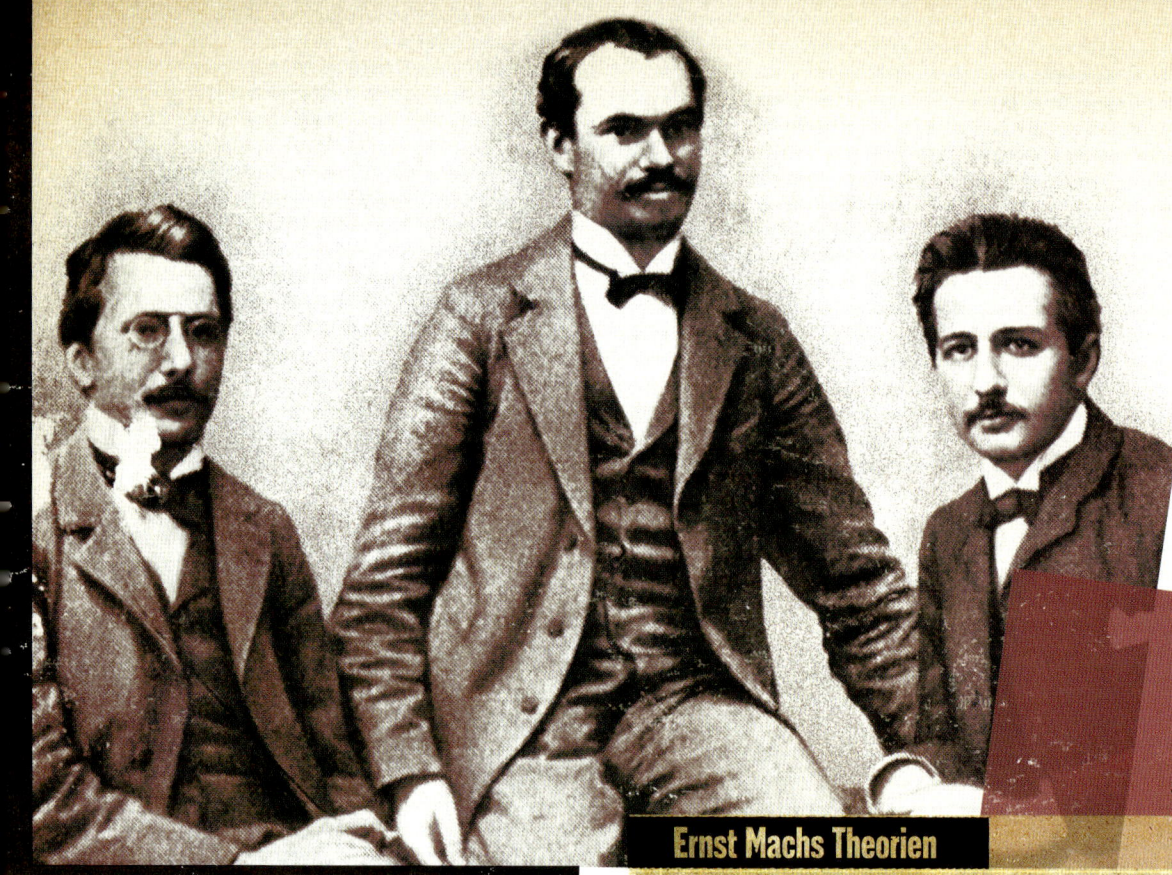

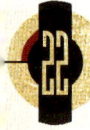

Ernst Machs Theorien

Der Österreicher Ernst Mach (1838–1916) baute David Humes Empirismus noch aus. Einstein erachtete Machs Theorien als Betrachtungskonzepte, die nur dann von Bedeutung waren, wenn sie sich auf konkrete Objekte und die Gesetze, nach denen diese funktionieren, bezogen. Anders ausgedrückt: Damit ein Konzept einen Sinn ergibt, benötigt man eine operative Definition davon, die beschreibt, wie man das Konzept »in Betrieb« nimmt. Mach wandte seine Vorgehensweise auf Newtons Konzepte der »absoluten Zeit« und des »absoluten Raums« an. Da diese nicht als wahrnehmbare Phänomene definiert werden konnten, fehlte ihnen die Bedeutung. Diese Gedanken sollten Früchte tragen, als Einstein einige Jahre später darüber sinnierte, welche Betrachtungsweise dem offenbar einfachen Konzept, dass zwei Ereignisse »gleichzeitig« auftreten, Bedeutung verlieh.

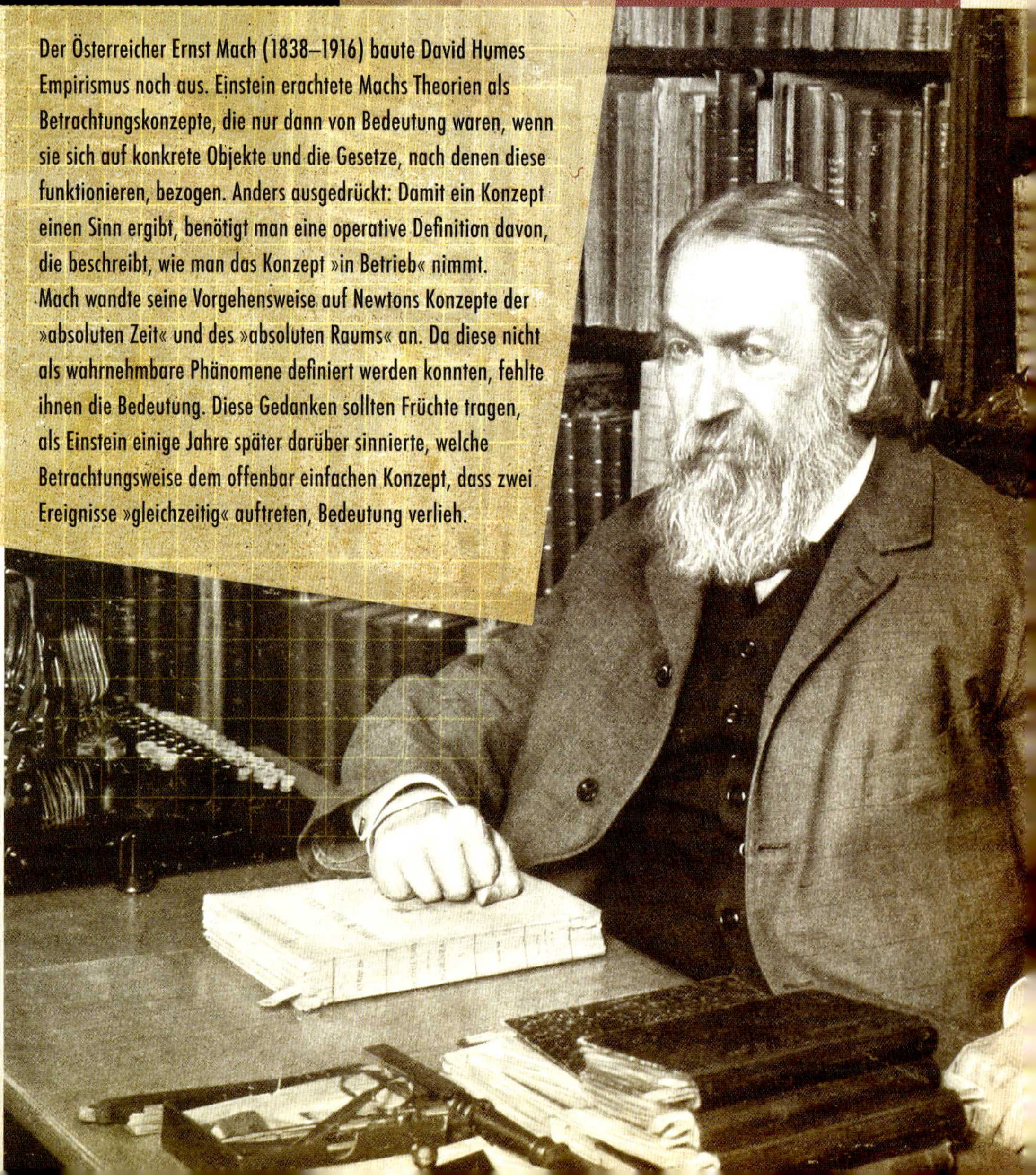

Albertus Einstein

45
2 80
2 00
49 80

A
TREATISE
OF
Human Nature:
BEING
An ATTEMPT to introduce the experimental Method of Reasoning
INTO
MORAL SUBJECTS.

by David Hume Esqr.

Rara temporum felicitas, ubi sentire, quæ velis; & quæ sentias, dicere licet. TACIT.

VOL. I.

OF THE
UNDERSTANDING.

LONDON:
Printed for JOHN NOON, at the *White-Hart*, near *Mercer's-Chapel*, in *Cheapside.*

M DCC XXXIX.

Am 6. Januar 1903 wurden Albert Einstein und Mileva Marić schließlich im Berner Standesamt getraut. Zu den wenigen Hochzeitsgästen gehörten zwar die anderen Mitglieder der Akademie Olympia, jedoch niemand aus den Familien von Braut und Bräutigam. Nach einer Feier in ihrem engen Freundeskreis aus Intellektuellen zogen sich Albert und Mileva in ihre Wohnung zurück. Wie man es von ihm kannte, hatte Einstein allerdings den Schlüssel vergessen und musste seine Wirtin wecken.

Das zweite Kind des Paars, ein Sohn namens Hans Albert Einstein, kam im Mai 1904 zur Welt. Einstein war, zumindest anfangs, ein guter Vater und baute Spielzeug für den Jungen, darunter eine Seilbahn aus einer Schnur und Streichholzschachteln. Für Hans Albert war sie, wie er sich als Erwachsener erinnerte, eines der schönsten Spielzeuge – und sie funktionierte!

LINKS: *Titelblatt der ersten Ausgabe von David Humes* A Treatise of Human Nature *aus den Jahren 1739/40. In dieser Schrift stellte Hume seine Theorien über Raum und Zeit dar, die Einstein so stark beeinflussen sollten.*

Richtung Horizont bewegte und schließlich die Alpen in geheimnisvolles Rosa tauchte.« Wenn dann das Café vor Ort aufmachte, tranken sie starken Kaffee, ehe sie in die Stadt zurückgingen.

Die Lektüreliste der Akademie war beeindruckend: Sie reichte von Klassikern wie Sophokles' *Antigone*, deren Inhalt – die Herausforderung höherer Autorität – Einstein sympathisch sein musste, bis zu Cervantes' *Don Quixote*, in dessen Kampf gegen Windmühlen die sture Zähigkeit thematisiert wurde. Ihre fruchtbarsten Texte fanden die drei Olympioniken jedoch im Grenzbereich zwischen Wissenschaft und Philosophie: David Humes *A Treatise of Human Nature*, Ernst Machs *Analyse der Empfindungen* und *Die Mechanik in ihrer Entwicklung*, Baruch Spinozas *Ethik* und Henri Poincarés *Wissenschaft und Hypothese*. Solche Werke, besonders jene von David Hume und Ernst Mach, legten den Grundstein für Einsteins eigene wissenschaftliche Philosophie.

RECHTS: *Mileva und Einstein mit Söhnchen Hans Albert 1904 in ihrem Haus in Bern.*

Das Wunder- jahr: die Quanten- theorie

onrad Habicht, Einsteins Akademie-Olympia-Mitstreiter, zog im Frühjahr 1905 aus Bern weg und war anschließend etwas nachlässig, was die Korrespondenz betraf. Zum Glück für Historiker veranlasste dies Einstein, ihn in einem Brief dafür zu rügen. Dieser Brief sollte eine der bedeutsamsten Nachrichten in der Geschichte der Wissenschaft enthalten: eine Beschreibung dessen, was später als Einsteins »Wunderjahr« bezeichnet wurde. Doch die Bedeutung des Briefs wurde durch den für den Verfasser so typischen spitzbübischen Ton verschleiert.

Einstein schimpfte Habicht, weil dieser ihm keine Kopie seiner Dissertation geschickt hatte. Dann bot er ihm einen Tauschhandel an: Wenn Habicht ihm seine Dissertation schickte, würde Einstein ihm vier seiner Arbeiten zukommen lassen. In der Beschreibung dieser Schriften, die er in seiner Freizeit angefertigt hatte, deutete Einstein an, dass er um ihre Bedeutung durchaus wusste.

Die erste Arbeit handelte von den energetischen Eigenschaften von Licht und Strahlung. Einstein ahnte, dass sie richtungsweisend war – in der Tat erwies sie sich als revolutionär. Er bewies darin, dass man Licht nicht nur als Welle, sondern auch als Strom kleiner Partikel oder Pakete, »Quanten« genannt, betrachten kann. Die möglichen Folgerungen aus dieser Theorie – ein Kosmos ohne strenge Kausalitäten oder sichere Vorhersagen –, sollten Einstein sein Leben lang beschäftigen.

Die zweite Arbeit hatte die Bestimmung der Atomgröße zum Thema. Obwohl die Existenz von Atomen nach wie vor umstritten war, war dies die unkomplizierteste seiner Schriften, weshalb er sie für am geeignetsten hielt, um ein letztes Mal eine Dissertation einzureichen. Er war dabei, die Physik zu revolutionieren, hatte es aber noch nicht geschafft, eine akademische Anstellung oder den Doktortitel zu bekommen, von dem er sich versprach, am Patentamt zum Experten 2. Klasse aufzusteigen.

LINKS: *Die blaue Flamme eines Bunsenbrenners erhitzt einen Eisennagel.*

LINKS OBEN: *Inhaltsangabe der* Annalen der Physik, *in denen die erste von Einsteins »Wunderjahr«-Schriften veröffentlicht wurde.*

Hohlraumstrahlung

Im späten 19. Jahrhundert erforschten Wissenschaftler das Schnittfeld zwischen Wellen und Partikeln, indem sie die sogenannte Hohlraum- oder Schwarzkörperstrahlung untersuchten. Wenn Metalle wie etwa Eisen erhitzt werden, wechselt das dabei entstehende Glühen die Farbe, je heißer das Metall wird. Zunächst ist das Licht rot, dann orangefarben, noch später weiß und schließlich, bei der höchsten Temperatur, scheint es blau. Um diese Strahlung zu begreifen, baute man einen Metallbehälter, den man abgesehen von einem kleinen Loch, durch das etwas Licht dringen konnte, versiegelte. Damit konnte man die Wellenlänge des Lichts auf jedem neuen Temperaturlevel messen.

LINKS: *Computergrafik von den Linien subatomarer Teilchen (in Weiß und Gelb) in einem Sternfeld. Die Linien sind das Ergebnis der Bewegung der Partikel durch eine Blasenkammer mit überhitzter Flüssigkeit. Jeder Partikel hat eine bestimmte Musterung; die Teilchenphysik zeigt die zugrunde liegende Struktur der Atome, aus denen alles besteht.*

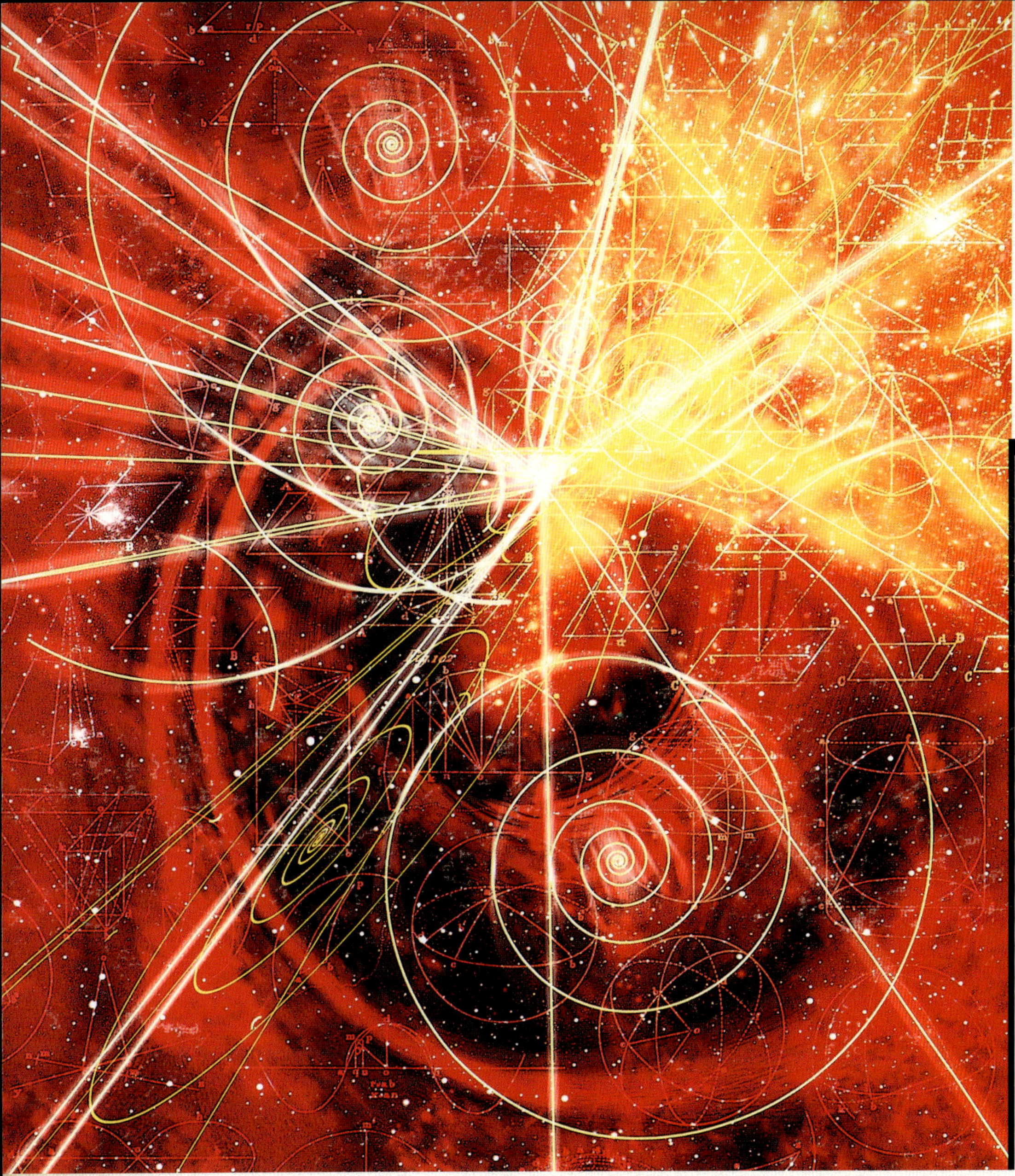

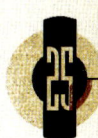

Die dritte Schrift erklärte die unruhige Bewegung mikroskopisch kleiner Partikel in Flüssigkeit anhand einer statistischen Analyse willkürlicher Kollisionen. Dabei belegte er die Existenz von Atomen und Molekülen.

Die letzte Arbeit, so schrieb Einstein an Habicht, war bislang noch ein Rohentwurf. Sie beschäftigte sich mit der Elektrodynamik von Körpern in Bewegung und enthielt eine völlige Neubewertung traditioneller Vorstellungen von Raum und Zeit. Sie war keineswegs so belanglos, wie Einstein sie schilderte. Nur anhand von – in seinem Kopf statt im Labor durchgeführten – Gedankenexperimenten hatte er Newtons Konzept vom absoluten Raum und der absoluten Zeit widerlegt. Dies sollte als spezielle Relativitätstheorie in die Geschichte eingehen.

Was er seinem Freund noch nicht erzählen konnte: Ein Jahr später verfasste er eine fünfte Arbeit, einen kurzen Zusatz zur vierten, der eine Beziehung zwischen Energie und Masse postulierte. Daraus sollte sich die bekannteste Formel in der Physik entwickeln: $E = mc^2$.

Einstein hatte recht mit der Vermutung, dass die erste der fünf Arbeiten im Jahr 1905 als revolutionär gelten würde. Sie enthielt eine Anmerkung, die einen Umbruch in der Physik ankündigte. Die Idee, dass Licht nicht nur aus Wellen, sondern auch aus kleinen »Paketen« (Quanten, später als Photonen bezeichnet), bestand, transportierte die Physik in ein geheimnisvolles Reich, das schwerer fassbar

WELLE
Magnetfeld
Elektrisches Feld
STROM VON PARTIKELN
Photon

LINKS: *Die Illustration zeigt die Photonen, die eine Lichtwelle bilden.*

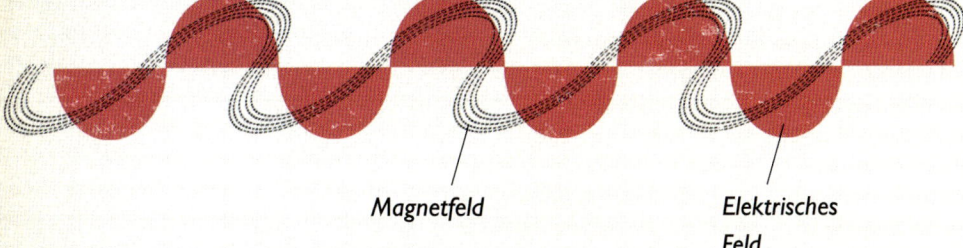

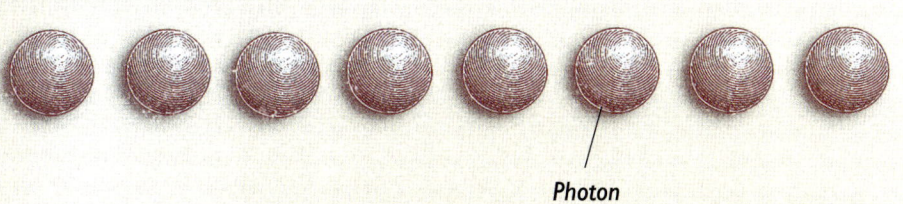

Max Plancks Theorien

Bei der Erforschung der Hohl- oder Schwarzkörperstrahlung bemerkten Wissenschaftler, dass die dabei entstehenden Kurven wie Hügel geformt sind. Ihre Versuche, eine mathematische Formel zu entwickeln, die diese vollständig beschrieb, blieb bis 1900 erfolglos. Dann löste der große deutsche Theoretiker Max Planck (1858–1947) das Problem, indem er in die Gleichung eine konstante kleine Menge einfügte, damit die Rechnung aufging. Planck glaubte, seine Konstante sei ein bloßes Hilfsmittel, damit die Gleichungen über Lichtabsorption und -emission funktionierten. Er wusste nicht, dass sie auf etwas Grundlegendes in der Natur des Lichts selbst hindeutete.

LINKS: Planck stellte seine Lösung bereits 1900 vor, doch erst dank Einsteins Arbeit über Lichtquanten von 1905 verstand man die Auswirkungen seiner Gleichungen völlig.

war als die bizarren Phänomene, die mit der Relativitätstheorie einhergingen.

Einsteins Schriften befassten sich mit Problemen, mit denen sich Physiker um 1900 herumschlugen – eigentlich schon seit den alten Griechen – und die noch immer nicht völlig gelöst sind. Sie betrafen die Zusammensetzung des Universums: ob es aus Teilchen wie Atomen und Elektronen besteht oder ob man es besser als ununterbrochenes Feld wie etwa ein Gravitations- oder elektromagnetisches Feld beschreiben sollte. Darüber hinaus ergab sich die Frage: Da zu verschiedenen Zeiten beide Konzepte des Universums gültig schienen – was würde passieren, wenn sie sich überschnitten?

Neben den Eigentümlichkeiten des Lichts, etwa der Schwarzkörperstrahlung, wollte die Wissenschaft auch das verwirrende Phänomen des »fotoelektrischen Effekts« klären. Wenn Licht auf Metall fällt, werden die Elektronen an der Oberfläche abgestoßen und als Strahlung abgegeben. Experimente von Philipp Lenard, der später zum antisemitischen Widersacher Einsteins wurde, brachten Unerwartetes zutage: Nach der Wellentheorie des Lichts würden mit steigender Intensität des Lichts Elektronen mit mehr Energie und größerer Geschwindigkeit produziert. Die Experimente zeigten nun jedoch, dass mit steigender Lichtintensität zwar die Anzahl der abgegebenen Elektronen stieg, nicht aber deren Energie.

Einsteins Triumph in seiner Schrift über Lichtquanten von 1905 lag in einem imaginären Sprung nach vorne, in einem Blick über den Tellerrand hinaus. Er stellte sich die Wirklichkeit hinter Plancks Gleichung und der darin enthaltenen mathematischen Eigentümlichkeit vor und kam zu dem Schluss, dass Licht tatsächlich aus Partikeln besteht. In einem revolutionären Satz in seiner Arbeit über Lichtquanten stellte er fest, dass sich Licht nicht ununterbrochen im Raum ausbreitet, sondern aus einer bestimmten Anzahl von Energiequanten besteht, die eine genau begrenzbare Position im Raum einnehmen und die von Lichtquellen gebildet oder als einzelne Einheiten von Objekten absorbiert werden.

Einstein stellte klar, dass seine neue Erkenntnis die traditionelle Wellentheorie, die von stetigen räumlichen Funktionen ausging, nicht verwerfe. Sie galt weiterhin in einem enger begrenzten Raum und erklärte besonders optische Phänomene gut.

Einstein hatte die Flammen aus Plancks Erkenntnissen erneut entzündet und eine

UNTEN: Der fotoelektrische Effekt

PHOTONEN

VON DER OBERFLÄCHE AUSTRETENDE ELEKTRONEN

NATRIUMMETALL

»... eine Modifikation der Theorie von Raum und Zeit«
— Michele Besso über Einsteins neue Theorien

Feuersbrunst entfacht, die die Welt der klassischen Physik in Aufregung versetzte. Für Planck war das Quantum ein mathematischer Begriff, der dazu beitrug, dass die Gleichungen zur Emission und Absorption von Licht besser aufgingen; er betrachtete es niemals als etwas Reales und Fundamentales. Einstein dagegen erachtete die Lichtquanten – ab 1926 als Photonen bezeichnet – als eine Realität im Kosmos, egal, wie seltsam, verwirrend oder verstörend ihre Existenz auch sein mochte.

Einstein erkannte schnell, dass seine Quantentheorie die klassische Physik unterminieren könnte. Später schrieb er, seine Versuche, die traditionelle theoretische Physik seinen neuen Einsichten anzupassen, hätten fehlgeschlagen. Die Fundamente des alten Wissens waren ausgehöhlt und destabilisiert.

Dann verglich er seine neue Theorie mit dem fotoelektrischen Effekt. Wenn Licht sich wie ein Teilchen verhielt, würde das die Ergebnisse von Lenards Experimenten erklären. Einstein entwickelte ein Gesetz für den fotoelektrischen Effekt, das in Experimenten belegt werden konnte: Die Energie abgegebener Elektronen hing nach einer einfachen mathematischen Formel, die Plancks Konstante einbezog, von der Lichtfrequenz ab. Diese Berechnung wurde später bestätigt. 17 Jahre danach stellte sich heraus, dass dies Einsteins einzige Entdeckung war, die so unstrittig war, dass er dafür sogar den Nobelpreis bekam.

Obwohl Einstein die klassische Physik auf den Kopf stellte, hatte er noch immer keinen Doktortitel. Nun reichte er erneut eine Arbeit als Dissertation ein. Er wählte eine aus, die er als sicher genug einschätzte: seine Arbeit über die neue Art der Berechnung der Molekülgröße. Diese stellte die Professoren am Züricher Polytechnikum tatsächlich zufrieden, und sie verliehen ihm schließlich die Doktorwürde. Zu jener Zeit war diese Schrift Einsteins meistverwendete praktische Anleitung und fand z.B. Anwendung in der Herstellung von Aerosolen, Milchprodukten und Zement.

In dieser produktivsten Phase seines Lebens schuf Einstein innerhalb weniger Wochen eine weitere Arbeit, die die grundlegenden Charakteristika von Atomen und Molekülen analysierte. Wissenschaftler hatten acht Jahrzehnte lang versucht, die Brownsche Molekularbewegung – die offenbar zufällige Bewegung kleiner Teilchen in Wasser oder anderen Flüssigkeiten – zu erklären. Durch seine Arbeit an diesem Thema bewies Einstein eindeutig die Existenz von Atomen und Molekülen.

Einsteins Genialität zeichnete sich u.a. dadurch aus, das er sich auf mehrere völlig unterschiedliche Themen zugleich konzentrieren konnte. Als er über die Brownsche Molekularbewegung nachdachte, ersann er gleichzeitig eine Theorie mit weitreichenden Folgen für die Bewegung und Geschwindigkeit von Licht. Wenige Tage nach Fertigstellung seiner Arbeit über die Brownsche Molekularbewegung führte ein Gespräch mit Michele Besso zu einer weiteren wichtigen Erkenntnis. Kurz darauf schrieb er Habicht, seine neue Idee hätte die komplette Umwälzung der traditionellen Theorien über Raum und Zeit zur Folge.

RECHTS: *Kopernikus, der erste Astronom, der die Theorie vertrat, dass die Sonne der Mittelpunkt des Sonnensystems ist und die Erde sich um sie dreht.*

Das Wunderjahr: spezielle Relativität

Im 17. Jahrhundert behaupteten die Kritiker von Kopernikus und Galilei, die Erde könne sich nicht bewegen, da wir es sonst spüren würden. Galilei begegnete ihren Einwänden mit einem beachtlichen Gedankenexperiment.

»Schließt Euch in Gesellschaft eines Freundes in einen … Raum unter dem Deck eines Schiffes ein. Verschafft Euch Mücken, Schmetterlinge und ähnliches fliegendes Getier; sorgt auch für ein Gefäß mit Wasser und kleinen Fischen darin; hängt ferner oben einen Eimer auf, welcher tropfenweise Wasser in ein zweites enghalsiges darunter gestelltes Gefäß träufeln lässt. Beobachtet nun sorgfältig, solange das Schiff stille steht, wie die fliegenden Tierchen mit der nämlichen Geschwindigkeit nach allen Seiten … fliegen. Man wird sehen, wie die Fische … nach allen Richtungen schwimmen; die fallenden Tropfen werden alle in das untergestellte Gefäß fließen. Wenn Ihr Eurem Gefährten einen Gegenstand zuwerft, so braucht Ihr nicht kräftiger nach der einen als nach der anderen Richtung zu werfen … Wenn Ihr … mit gleichen Füßen einen Sprung macht, werdet Ihr nach jeder Richtung hin gleich weit gelangen … Nun lasst das Schiff mit jeder beliebigen Geschwindigkeit sich bewegen: Ihr werdet … bei allen genannten Erscheinungen nicht die geringste Veränderung eintreten sehen. Aus keiner derselben werdet Ihr entnehmen können, ob das Schiff fährt oder stille steht.«

Gespräche sind in Galileis Schiffskabine ebenfalls kein Problem, denn auch die Luft darin bewegt sich mit der gleichen Geschwindigkeit wie die Personen in diesem Raum, und Schallwellen werden über die Luft übertragen. Wenn jemand auf dem Schiff einen Stein in einen Wassereimer werfen würde, wäre das entstehende Kräuseln im Wasser das gleiche wie in einem Eimer an Land, weil das Wasser wie die Luft sich zeitgleich mit dem Schiff bewegt.

Was aber passiert, wenn man nach oben an Deck geht? Die Geschwindigkeit der Schallwelle von einem anderen Passagier und der eines weiter entfernten Signalhorns hängt von der eigenen Geschwindigkeit in Relation zur Luft ab, die die Schallwelle überträgt. Ebenso hängt die Geschwindigkeit, mit der die Wellen im Ozean den Passagier erreichen, davon ab, wie schnell er sich durch das Wasser fortbewegt.

RECHTS: *Titelblatt von Galileis Dialogo, den er 1632 erstmals veröffentlichte.*

DIALOGO
DI
GALILEO GALILEI LINCEO
MATEMATICO SOPRAORDINARIO
DELLO STVDIO DI PISA.
E Filofofo, e Matematico primario del
SERENISSIMO
GR. DVCA DI TOSCANA.
Doue ne i congreffi di quattro giornate fi difcorre
sopra i due
MASSIMI SISTEMI DEL MONDO
TOLEMAICO, E COPERNICANO;
Proponendo indeterminatamente le ragioni Filofofiche, e Naturali
tanto per l'vna, quanto per l'altra parte

CON PRIVILEGI.

IN FIORENZA, Per Gio:Batifta Landini MDCXXXII.
CON LICENZA DE' SVPERIORI.

Galileos Theorien

Galileo Galilei (1564–1642) war der Erste, der das Relativitätsprinzip klar formulierte. 1632 sagte er, dass die Gesetze der Bewegung und Mechanik für alle Betrachter, die sich in einer konstanten Geschwindigkeit zueinander bewegen, die gleichen sind. Es war nicht anders möglich zu erklären, dass jemand im Universum völlig »stillsteht« und sich eine andere Person »bewegt«, als dass sie sich relativ zueinander bewegen. Galilei beschrieb dies lebhaft in seinem *Dialog über die beiden Weltsysteme*. Er wollte das System des Nikolaus Kopernikus (1473–1543) verteidigen, nach dem die Erde kein bewegungsloser Körper ist, um den sich alles im Universum dreht, sondern unser Planet selbst in Bewegung ist.

28

Seit seinem 16. Lebensjahr hatte Einstein sich vorzustellen versucht, wie es wäre, wenn man neben einem Lichtstrahl herreiten könnte. Würden sich die Lichtwellen genauso verhalten wie Wasser- oder Schallwellen? Einsteins jugendliches Gedankenexperiment wurde von den Gleichungen inspiriert, die James Clerk Maxwell zur Beschreibung des Verhaltens elektromagnetischer Wellen wie etwa Lichtwellen, entwickelt hatte. Maxwell fand heraus, dass sie sich in einer bestimmten Geschwindigkeit fortbewegen: mit rund 299 000 Kilometern pro Sekunde. Daraus ergab sich die Frage, was genau die Übertragung dieser elektromagnetischen Wellen verursachte. Auch musste ihre Geschwindigkeit mit irgendetwas zusammenhängen – nur womit? Wissenschaftler gingen von einem unsichtbaren Medium aus, das diese Wellen überträgt. Sie nannten es »Lichtäther« und nahmen an, dass die Geschwindigkeit von Lichtwellen sich relativ zu diesem Äther verhält. Äther spielte ihrer Meinung nach für Lichtwellen dieselbe Rolle wie Luft für Schallwellen. Das bedeutete: Wenn man sich durch den Äther schnell auf die Lichtquelle zubewegt, müssten die Wellen scheinbar schneller auf einen zukommen. In Europa und Amerika begann nun eine große »Ätherjagd«, und die Wissenschaftler erfanden alle möglichen ausgeklügelten Gerätschaften und Experimente, um ihre Vermutung zu beweisen.

Ende der 1880er-Jahre führten Albert Michelson und Edward Morley in Cleveland einige der berühmtesten Experimente durch. Sie benutzten ein Gerät, das einen Lichtstrahl in zwei Teile teilte, von denen sich einer in Richtung der Erdrotation um die Sonne bewegte, während der andere senkrecht nach oben wies. Doch egal, welche Apparate

sie und andere Wissenschaftler auch bauten oder welche Vermutungen sie auch über das Verhalten des Äthers anstellten, sie konnten ihn nicht aufspüren. Und immer mussten sie feststellen, dass die Geschwindigkeit des Lichts stets exakt gleich war.

Das war der Stand der Dinge im Mai 1905. Dann kam es im Lauf eines Gesprächs zwischen Albert Einstein und Michele Besso zu einem der glücklichsten und folgenreichsten Fortschritte in der Geschichte der Physik.

Welche Erkenntnis hatte Einstein gewonnen? Dazu gehörte, wie er später sagte, eine Analyse der Vorstellung von Zeit an sich. Weil er mentale Bilder verwendete und Dinge hinterfragte, die andere für selbstverständlich hielten, erkannte er, dass Zeit nicht etwas war, was man in absoluten Begriffen definieren

29

konnte. Im Besonderen wurde ihm bewusst, dass sogar eine Person zwei Ereignisse als gleichzeitig wahrnehmen kann, während ein anderer Beobachter, der sich in einer anderen Geschwindigkeit als die erste Person bewegt, die Ereignisse als nicht gleichzeitig wahrnimmt.

Einstein erklärte dies mithilfe eines Experiments, das er möglicherweise an seinem Schreibtisch im Patentamt formulierte. Er dachte vielleicht gerade über Apparaturen zur Gleichschaltung von Uhren nach, während die Züge vor seinem Fenster am großen Uhrenturm vorbei in den Bahnhof mit seinen vielen gleichlaufenden Uhren einfuhren. Hier sein Gedankenexperiment: Stellen Sie sich vor, Blitze schlagen an beiden Enden eines schnell fahrenden Zuges ein. Ein Mann, der auf dem Bahnsteig in der Mitte zwischen den beiden Zugenden steht, nimmt das Licht der beiden Blitze im exakt gleichen Moment wahr. Er würde sagen, die Einschläge erfolgten gleichzeitig. Und nun stellen wir uns vor, wie es eine Frau im Inneren des Zuges wahrnimmt.

»Das bedeutete eine Veränderung in den Fundamenten der Physik, eine ganz unerwartete und radikale Veränderung, zu der es des ganzen Mutes eines jungen und revolutionären Genies bedurfte.« — **Werner Heisenberg**

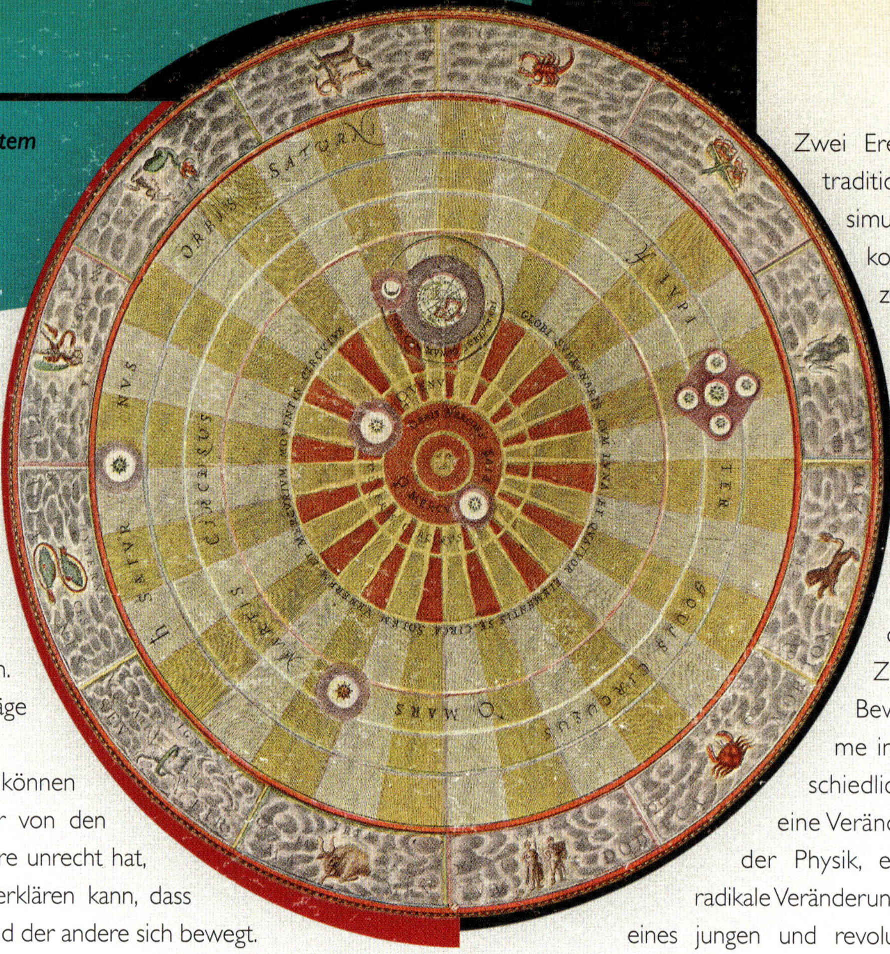

RECHTS: *Das Planetensystem nach Kopernikus, 17. Jahrhundert.*

In der Nanosekunde, die das Licht der Blitze bis zu ihr benötigt, hat sie sich ein kleines Stück bewegt. Das Licht vom vorderen Blitzeinschlag sieht sie früher als jenes von hinten. Sie würde sagen, die Einschläge erfolgten nacheinander.

Nach Einsteins Theorie können wir nicht sagen, dass einer von den beiden recht und der andere unrecht hat, weil man es nicht damit erklären kann, dass einer von ihnen still steht und der andere sich bewegt. Keiner von ihnen steht völlig bewegungslos bezüglich des Universums oder hat den besseren Beobachtungsplatz. Wir können lediglich sagen, dass sie sich in Relation zueinander bewegen und unterschiedliche, aber gleich zulässige Wahrnehmungen der Ereignisse haben. Einsteins Arbeit vom Juni 1905 erklärte die Folgerungen aus dieser Erkenntnis.

Zwei Ereignisse, die nach unserem traditionellem Koordinatensystem simultan aufzutreten scheinen, konnten nicht mehr als gleichzeitig betrachtet werden, wenn die Stelle, an der ein Ereignis passiert, sich in Bewegung befindet, und zwar im Bezug auf die Stelle, an der das zweite Ereignis passiert.

Dieses scheinbar ganz einfache Prinzip war in der Tat revolutionär. Es verwarf den Begriff der absoluten Zeit. Stattdessen haben alle in Bewegung befindlichen Systeme in Relation zueinander unterschiedliche Zeiten. »Das bedeutete eine Veränderung in den Fundamenten der Physik, eine ganz unerwartete und radikale Veränderung, zu der es des ganzen Mutes eines jungen und revolutionären Genies bedurfte«, schrieb Werner Heisenberg, dessen Ideen zur Unschärferelation die traditionell akzeptierten Begrifflichkeiten in der Physik ähnlich auf den Kopf stellten. Die beruhigende Sicherheit von einer Zeit, die absolute Realität besitzt und Sekunde für Sekunde voranschreitet, unbeeinflusst von unseren Beobachtungen oder Wahrnehmungen, hatte seit Newtons

UNTEN: *Einsteins Gedankenexperiment über die relative Geschwindigkeit des Lichts bezüglich sich bewegender Objekte.*

(A)

(B)

Definition 218 Jahre zuvor als Fundament der orthodoxen Wissenschaft gegolten. »Die absolute, wahre mathematische Zeit verfließt an sich vermöge ihrer Natur gleichförmig und ohne Beziehung auf einen Gegenstand«, hatte er im ersten Buch seiner *Principia* geschrieben.

Einsteins Genie bestand darin, solche scheinbar offensichtlichen Sachverhalte infrage zu stellen. Herrlich unbekümmert verwarf der rebellische Patentprüfer seit zwei Generationen angesammelte wissenschaftliche Lehrsätze. Der »Lichtäther«, den so viele Wissenschaftler gesucht hatten, war – so stellte er fest – schlicht belanglos.

Eine Folgerung war, dass Zeit langsamer wird, wenn man sich schnell bewegt. Für einen Jungen, der einen Lichtstrahl einzuholen versucht, verlangsamt sich die Zeit, wenn er die Geschwindigkeit des Lichts erreicht, was erklärt, warum der Lichtstrahl in Relation zu ihm immer in der gleichen Geschwindigkeit unterwegs zu sein scheint. Dies verstand die Physikergemeinde nicht auf Anhieb; selbst nach Veröffentlichung seiner »Wunderjahr«-Schriften fand Einstein keine Anstellung an einer Universität oder auch nur als Gymnasiallehrer.

Zu Beginn seines »Wunderjahres« 1905 hatte Einstein seinem Freund Conrad Habicht geschrieben. Im September desselben Jahres schickte er ihm noch einen Brief, in dem er eine weitere Idee ankündigte. Diese sollte zur weltweit berühmtesten physikalischen Gleichung führen. Es war ihm nachträglich eingefallen, dass es eine Relation zwischen der Masse eines Körpers und der darin enthaltenen Energie geben musste. Einsteins Formel dafür war elegant: Die als Strahlung abgesonderte Energie (L) eines Körpers verursacht, dass dessen Masse um den Faktor L/V^2 schrumpft. Anders ausgedrückt: $L = mV^2$. Einstein verwendete bis 1912 für Energie den Buchstaben L und ersetzte ihn dann durch E. Die Lichtgeschwindigkeit hatte er zunächst mit V beschrieben, später mit c. Mit diesen neuen Buchstaben, die schnell akzeptiert wurden, hatte er nun seine berühmte Gleichung: $E = mc^2$.

$$\mathcal{E} = \frac{mc^2}{\sqrt{1 - \frac{v^2}{c^2}}}$$

Einsteins Spaziergang mit Besso

Es war ein sonniger Tag in Bern, wie sich Einstein später erinnerte, als er Michele Besso, einen seiner besten Freunde, besuchte. Einstein hatte diesen talentierten, wenn auch etwas ziellosen Ingenieur in Zürich kennengelernt und ihm später Arbeit am Schweizer Patentamt verschafft. Er hatte mit Besso über die Idee, einen Lichtstrahl einzuholen, über Maxwells Gleichungen und über den geheimnisvollen Äther diskutiert. Einmal sagte er, er würde aufgeben. Doch als sie darüber redeten, erinnerte sich Einstein später, hatte er ganz plötzlich den Schlüssel zum Problem gefunden. Als Besso am Tag darauf Einstein erneut traf, verkündete sein Freund nahezu euphorisch, er habe das Problem lückenlos gelöst.

31

Einsteins Kreativitätsschub von 1905 veränderte die Physik. Er hatte erklärt, dass Licht sowohl als Partikel als auch als Welle betrachtet werden kann, das Konzept absoluter Zeit widerlegt und die bekannteste physikalische Formel der Welt entwickelt. Die akademische Gemeinde war inzwischen zwar neugierig geworden, bot ihm aber keine Anstellung an.

Zu der Handvoll Physiker, die Einsteins Schriften beachteten, gehörte Max Planck, der – jedenfalls bis dahin – weltweit größte theoretische Physiker. Planck saß in der Redaktionsleitung der Zeitschrift, die Einstein publizierte; Einsteins Arbeit über Relativität hatte sofort seine Aufmerksamkeit erregt. Er hielt an der Universität Berlin eine Vorlesung über Relativität und baute in einer eigenen Schrift darauf auf.

Einstein korrespondierte bald mit Planck, der im Sommer 1907 seinen Assistenten Max von Laue zu ihm nach Bern schickte. Kurz darauf bekam Einstein endlich seinen Doktortitel, wodurch er am Patentamt vom Experten 3. Klasse in die 1. Klasse befördert wurde. Doch noch war er nicht respektabel genug für eine Anstellung an einer Universität.

Vorher war Einsteins Isolation von der etablierten akademischen Physikergemeinde durchaus ein Vorteil gewesen, jetzt behinderte sie seinen weiteren Werdegang jedoch. Als er 1907 den Auftrag für einen großen Jahrbuchartikel über Relativität erhielt, warnte er den Herausgeber, dass er möglicherweise nicht alle relevante Literatur kenne, da er zu den Öffnungszeiten der Bibliothek im Patentamt arbeiten musste und nicht alle Publikationen zum Thema gelesen hatte.

Da er nicht auf direktem Weg zu einem Lehrstuhl kam, bewarb sich Einstein an der Universität Bern als Privatdozent. Er sollte einige Vorlesungen halten und dafür von den Studenten die Gebühren einkassieren, da kein offizielles Gehalt vorgesehen war. Seiner Bewerbung für diesen niedrigen Posten fügte er nicht weniger als 17 Schriften bei,

OBEN: *Als Einsteins wissenschaftliche Karriere begann, gab es in seinem Privatleben signifikante Veränderungen. Fünf Jahre, nachdem diese Aufnahme von Mileva, Albert und dem kleinen Hans Albert entstanden war, brachte Mileva den zweiten Sohn zur Welt.*

32

Der Professor

Max von Laue und Einstein

Als Laue nach Bern kam, erfuhr er zu seiner Verwunderung, dass Einstein noch immer im Patentamt arbeitete. Zunächst erkannte er ihn gar nicht. »Der junge Mann, der mir entgegenkam, machte mir einen so unerwarteten Eindruck, dass ich nicht glaubte, er könne der Vater der Relativitätstheorie sein«, sagte von Laue. »So ließ ich ihn an mir vorübergehen.« Ihre anschließenden Unterhaltungen waren lang und anregend. »Er hat in den ersten beiden Stunden des Gesprächs die ganze Mechanik und Elektrodynamik umgestürzt«, merkte von Laue an. Er war von Einstein so angetan, dass sie enge Freunde wurden und von Laue acht Arbeiten über die Relativitätstheorie veröffentlichte.

LINKS: *Der deutsche Physiker Max von Laue, ein guter Freund Einsteins, bekam 1914 den Nobelpreis für Physik.*

die bereits veröffentlicht waren, darunter seine bedeutsamen Arbeiten über Relativität und Lichtquanten. Eigentlich hätte er auch eine bislang unveröffentlichte Habilschrift einreichen sollen, doch da die Universität in Fällen »anderer herausragender Leistungen« darauf verzichtete und Einstein sich definitiv dieser Kategorie zugehörig fühlte, ließ er dies unter den Tisch fallen.

Er bekam die Anstellung nicht. Das Komitee wollte auf die unveröffentlichte Habilschrift nicht verzichten und forderte ihn auf, eine neue einzureichen. Einstein, der wie immer Autoritäten trotzte, weigerte sich. Stattdessen schraubte er seine Erwartungen auf einen Lehrstuhl zurück und

LINKS: *Die Prager Universität. Einstein unterrichtete hier von 1911 bis 1912 theoretische Physik.*

begann, so erstaunlich es auch klingt, sich als Gymnasiallehrer zu bewerben. Er erklärte seinen Wunsch, Lehrer zu werden, als Mittel, um seine persönliche wissenschaftliche Arbeit unter leichteren Voraussetzungen fortführen zu können, und antwortete auf die Ausschreibung einer Züricher Oberschule für einen Mathematik- und Geometrielehrer. Er merkte an, er könne auch Physik unterrichten, falls nötig. Wieder fügte er eine vollständige Liste seiner Veröffentlichungen bei, samt jener über die spezielle Relativitätstheorie. Unter den insgesamt 20 Bewerbern kam er nicht einmal in die engere Auswahl.

Auch ein so stolzer Mann wie Einstein musste nun der Realität ins Auge blicken – er schrieb die für die Stelle als Privatdozent geforderte Dissertationsarbeit. Sie wurde sofort akzeptiert, und im Februar 1908 drang er endlich ins Bollwerk der akademischen Welt vor, das ihm so lange den Zutritt verwehrt hatte. Sein Gehalt war jedoch so niedrig, dass er es sich nicht leisten konnte, beim Patentamt zu kündigen. Seine Vorlesungen an der Universität Bern wurden nur eine weitere unter seinen vielen Verpflichtungen.

Einstein war in der akademischen Gemeinde noch immer nicht vollständig akzeptiert.

Alfred Kleiner, der Züricher Physikprofessor, der viel dazu beigetragen hatte, dass Einstein seinen Doktortitel bekam, und überlegte, ihm einen Lehrstuhl in Zürich anzubieten, war nicht eben beeindruckt, als er einige von Einsteins Vorlesungen in Bern besuchte.

Auch Antisemitismus spielte eine Rolle. Einigen Mitgliedern der Fakultät, die die Tatsache, dass Einstein Jude war, beunruhigte, versicherte Kleiner, er zeige keine der »unangenehmen Charaktereigentümlichkeiten«, die man Juden gerne zuschrieb:

»Diese, auf mehrjährigem Verkehr gegründeten Äußerungen unseres Kollegen Kleiner waren sowohl für die Kommission als auch für die Gesamtfakultät von umso größerem Wert, als Herr Dr. Einstein Israelit ist und als gerade Israeliten unter den Gelehrten allerlei unangenehme Charaktereigentümlichkeiten wie Zudringlichkeit, Unverschämtheit, Krämerhaftigkeit … nachgeredet werden … Indessen darf doch gesagt werden, dass es auch unter den Israeliten Männer gibt, bei denen nicht die Spur dieser unangenehmen Eigenschaften vorhanden ist, und dass es daher nicht angeht, einen Mann bloß deswegen zu disqualifizieren, weil er zufällig Jude ist. Gibt es doch auch unter den nicht-jüdischen Gelehrten gelegentlich Leute, die in Bezug auf merkantile Auffassung und Verwertung ihres akademischen Berufes Eigenschaften entwickeln, die man sonst als spezifisch ›jüdisch‹ zu betrachten gewohnt ist. Weder die Kommission noch die Gesamtfakultät hielt es daher mit ihrer Würde vereinbar, den ›Antisemitismus‹ als Prinzip auf ihre Fahne zu schreiben.«

Einstein wurde also vier Jahre, nachdem er die Physik revolutioniert hatte, seine erste Professur angeboten. Er nahm sie an und kündigte beim Patentamt. Einem Freund sagte er mit einem Augenzwinkern, er habe sich prostituiert, um Akademiker zu werden.

Der Umzug nach Zürich war Mileva, die sich an ihre glückliche Zeit dort erinnerte, sehr willkommen. Sie wurde denn auch prompt schwanger; im Juli 1910 brachte sie Einsteins zweiten Sohn zur Welt, den sie Eduard tauften (den aber alle Tete riefen). Einstein war später ein etwas distanzierter Vater, besonders für Eduard, der geistig behindert war, doch in ihrer Kindheit war er für seine Söhne da. Hans Albert erinnerte sich später, dass sein Vater, wenn die Mutter im Haushalt zu tun hatte, die Arbeit zur Seite legte und sich mit seinen Söhnen beschäftigte, sie auf den Knien schaukelte, ihnen Geschichten erzählte oder Geige spielte, um sie ruhig zu halten.

Knapp sechs Monate nach dem Umzug nach Zürich bot man Einstein eine Stelle an der deutschsprachigen Universität in Prag an. Diese Stelle bedeutete einerseits den Aufstieg zum ordentlichen Professor, andererseits aber auch einen Bruch im Familienleben der Einsteins. Einstein legte persönliche, familiäre Skrupel ab und entschied sich für seine Karriere. Er nahm die Arbeit als ordentlicher Professor an und entwurzelte Frau und Kinder.

Alfred Kleiner beurteilt Einstein

Als Kleiner Einsteins Vorlesung besuchte, lieferte der jüngere Einstein keine zufriedenstellende Leistung ab. Einstein klagte einem Freund, dies sei das Ergebnis ungenügender Vorbereitung, dass aber auch die Tatsache, dass er beobachtet wurde, ihn irritiert habe. Kleiner saß teilnahmslos da, mit etwas besorgter Miene, und am Ende der Vorlesung nahm er Einstein beiseite und erklärte ihm, seine Unterrichtsmethode sei einem Professor nicht angemessen. Kleiners Kritik traf wohl durchaus zu. Einstein war nie ein wirklich guter Lehrer, und seine Sprechweise war eher ungeordnet – eine Eigenart, die später, als er Prominentenstatus erreicht hatte, als nette Schrulle gelten sollte. Einstein bat um eine zweite Chance, und Kleiner lud ihn für eine Gastvorlesung nach Zürich ein. Einstein erzählte einem Freund, dass er diesmal Glück hatte, weil er ungewöhnlich gut vorgetragen hätte.

Einsteins Sprung auf der akademischen Karriereleiter war mit Einladungen zu renommierten Konferenzen verbunden. Während er sich in seinem Ruhm sonnte, litt Mileva, die gezwungen war, in Prag zu bleiben, darunter, dass sie aus den wissenschaftlichen Kreisen ausgeschlossen war, denen sie schon lange Zeit so gerne angehört hätte. Sie sehnte sich danach, dabei zu sein, zuzuhören, all die Leute kennenzulernen, und fragte sich in einem Brief an ihn sogar, ob er sie überhaupt noch erkennen würde, weil sie sich so lange nicht gesehen hätten.

Elsa Einstein

Ihre Einsamkeit in Prag verstärkte Milevas Neigung zu Depressionen. Ihre Ehe hatte bereits Risse, als Einstein an Ostern 1912 nach Berlin reiste. Seine drei Jahre ältere Cousine Elsa Einstein lebte dort, und bei seinem Besuch in Berlin lernte er sie besser kennen.

Elsa war mit Albert sowohl mütterlicher- als auch väterlicherseits verwandt. Als Kinder hatten sie zusammen gespielt. Seitdem hatte Elsa ein abwechslungsreiches Leben geführt und wohnte nun, mit 36 Jahren, nach einer fehlgeschlagenen Ehe mit ihren Töchtern Margot und Ilse im gleichen Wohnblock wie ihre Eltern.

Elsa bot, wonach sich Einstein jetzt sehnte: keine leidenschaftliche Romanze, sondern unkomplizierte Unterstützung und Zuneigung. Elsa und Mileva waren grundverschieden. Mileva war glamourös, gebildet und weniger dem Praktischen zugetan. Elsa hingegen war nichts davon, sondern eine Hausfrau mit einer Vorliebe für herzhafte deutsche Küche und Schokolade, was man ihrer drallen Erscheinung durchaus ansah.

Als Einstein wieder in Prag war, schickte ihm Elsa Briefe ins Büro, nicht nach Hause, und schlug eine heimliche Korrespondenz vor. Einstein freute sich über ihren Plan und gestand sich seine Gefühle für Elsa immer mehr ein.

Elsa war vielleicht keine Geistesgröße, aber sie hatte eine gute Menschenkenntnis. Sie wusste, wie sie Einstein in die Defensive treiben konnte, indem sie ihn als »Pantoffelheld« neckte, der unter Milevas Fuchtel stehe. Wie sie geahnt hatte, erwiderte Einstein, das sei er keineswegs und sie solle nicht so etwas denken. Verschnupft fügte er hinzu, er werde ihr bei nächster Gelegenheit seine Männlichkeit beweisen.

Nichtsdestotrotz versuchte er nach wie vor, die Ehe mit Marić zu retten. Nach seiner kurzen Anstellung in Prag ergriff er deshalb die Gelegenheit, an den Ort zurückzukehren, an dem seine Ehe vielleicht eine Chance hatte. Im Juni 1911 wurde das Züricher Polytechnikum, an dem Einstein und Mileva einst so glücklich gewesen waren, zur Universität. Und als ehemaliger Student und inzwischen einer der weltweit bekanntesten theoretischen Physiker war Einstein die erste Wahl für den neuen Lehrstuhl.

Ihr Umzug nach Zürich im Juli 1912 sollte eigentlich ein glücklicher Augenblick sein. Sie wohnten nicht mehr in einer beengten Wohnung, sondern hatten sechs Zimmer mit herrlicher Aussicht. Abendliche Gesellschaften und die Anwesenheit alter Freunde sollten Mileva froh machen, doch stattdessen wurde sie immer depressiver.

So war Einstein aufgeschlossen für einen koketten Brief von Elsa, die ihm zu seinem 34. Geburtstag gratulierte. Sie bat darin um ein Bild von ihm und eine Buchempfehlung über Relativität. Sie wusste, wie sie ihm schmeicheln konnte: In seiner Antwort schrieb Einstein, es gebe keine lohnenswerte Lektüre über das Thema für Laien, dass er ihr aber, wenn sie ihn in Zürich besuchen käme, auf einem Spaziergang – natürlich ohne seine Frau – alle Entdeckungen auf diesem Gebiet erläutern würde. Darüber hinaus schrieb er, besser als ein Bild sei wohl ein persönliches Wiedersehen. Er sehnte sich danach, Zeit mit Elsa zu verbringen – ohne die anklagende Anwesenheit Milevas. Er schlug vor, Elsa in Berlin zu besuchen, wenn sie den Sommer über dort sei.

Schließlich sollte er Berlin nicht nur einen Besuch abstatten. Zwei Säulen des wissenschaftlichen Berliner Establishments, Max Planck und Walther Nernst, kamen im Juli 1913 nach Zürich, um ihm ein verlockendes Angebot zu unterbreiten. Sie baten ihn, als Mitglied der

OBEN: *Einsteins Brief an Elsa, in dem er ihr von Plancks und Nernsts Besuch erzählt.*

Die Posten in Berlin

Als Planck und Nernst nach Prag kamen, um Einstein Posten an der Preußischen Akademie der Wissenschaften sowie an der Berliner Universität anzubieten, erbat er sich etwas Bedenkzeit, obwohl er wohl sofort beschlossen hatte, sie anzunehmen. Die Berliner Professoren wollten derweil zusammen mit ihren Frauen einen Ausflug auf einen Berg in der Nähe unternehmen. Mit spitzbübischem Humor sagte Einstein, sie sollten auf dem Rückweg mit der Seilbahn nach ihm Ausschau halten: Wenn er einen Strauß weißer Blumen in der Hand halte, würde er das Angebot ablehnen, bei roten Blumen würde er es annehmen. Zu ihrer großen Erleichterung stand er mit einem roten Strauß in der Seilbahnstation.

Liebe Elsa!

Ich danke Dir herzlich für Deinen Brief. Es ist sehr lieb von Dir gewesen, dass Du an mich gedacht hast. Über die Relativität gibt es kein für Laien verständliches Buch. Für was hast Du aber einen Relat. Vetter? Wenn Dich Dein Weg nach Zürich führt, dann machen wir (ohne meine leider so eifersüchtige Frau) einen schönen Spaziergang, und ich erzähle Dir von all den merkwürdigen Dingen, die ich damals fand. Gegenwärtig arbeite ich an der Fortsetzung, die aber sehr schwierig ist. Ein Bild von mir will Dir auch zu verschaffen suchen. Lieber käme ich gleich selber, aber ich bin so arg eingespannt, dass ich froh sein muss, nach-

zukommen, wenn ich den
ganzen Tag arbeite, ohne mir
irgend welche Erholung zu
gönnen. Noblesse oblige — mit
dieser Berühmtheit ist ein gewisses
Elend verbunden.

Wenn Du mir eine grosse
Freude machen wollst, dann richte
es einmal ein, dass Du Dich einige
Tage hier aufhältst.

Mit den besten Grüssen, auch
an Deine Kinderchen

Dein

Albert.

Preußischen Akademie der Wissenschaften und als Professor an der Friedrich-Wilhelms-Universität nach Berlin zu kommen. An jenem Abend, nachdem er ihr Angebot angenommen hatte, schrieb Einstein Elsa aufgeregt über die riesige Ehre seiner neuen Position. Er würde im folgenden Frühjahr für immer nach Berlin ziehen und freue sich auf ihr Zusammensein. Ihre Briefe wurden nun immer intimer. Elsa war besorgt, er könnte die Dinge überstürzen, und riet ihm, sich mehr zu bewegen, besser zu essen und sich mehr auszuruhen. Er erwiderte, er habe im Gegenteil vor, mehr zu rauchen, mehr zu arbeiten, mehr zu essen und sich nur zu bewegen, wenn die Gesellschaft ansprechend sei.

Ernsthafter war seine Warnung gemeint, dass sie nicht darauf hoffen sollte, dass er Mileva verließe oder sich scheiden ließe, auch wenn er nach Berlin zöge. Er schrieb, er könne mit Elsa glücklich werden, ohne seine Frau zu verletzen. Elsa weigerte sich. Sie wollte Einsteins neue Gattin sein, nicht seine Geliebte. Dies sollte jahrelang ein Streitpunkt zwischen ihnen bleiben, doch am Ende gewann Elsa den Kampf. Zunächst allerdings blieb Einstein unerbittlich. Er unterrichtete Elsa davon, dass seine nahezu endgültige Trennung von Mileva die offizielle Scheidung unerheblich mache.

Die Aussicht, nach Berlin zu ziehen, deprimierte Mileva zutiefst. Sie graute sich davor, mit Einsteins Mutter, die sie nie gemocht hatte, und seiner Cousine, in der sie zu Recht eine Rivalin erkannte, zu tun zu haben. In einem Brief an Elsa beklagte Einstein, Marić würde nur über den anstehenden Umzug nach Berlin und seine Familie murren, gab aber zu, dass sie nicht ganz unrecht hatte.

Im Frühjahr 1914 ging Einsteins Ehe in die Brüche. Das Ende kam im Juli, als Mileva mit den beiden Söhnen in das Haus von Freunden zog. Einstein stellte ihr ein Ultimatum, das sowohl seine wissenschaftliche Denkweise als auch seine emotionale Kälte bezeugt. Er stellte klar, was sie zu tun hätte, wenn sie mit ihm

verheiratet bleiben wollte. Die Bedingungen waren brutal und gefühllos. Mileva sollte für das körperliche Wohl ihres Gatten sorgen, indem sie seine Wäsche wusch, für ihn kochte und sein Arbeitszimmer aufräumte, während sie ihre eigenen emotionalen Bedürfnisse hintanstellte. Einstein verbot ihr sogar, bei ihm zu sitzen und ihn unaufgefordert anzusprechen, und bestand darauf, dass sie sofort das Zimmer verließ, wenn er dies wünschte. Intimitäten zwischen ihnen waren kein Thema mehr.

Mileva erkannte, dass ihre Ehe nicht mehr zu retten war. An einem Freitag trafen sie sich, um eine Übereinkunft über die Trennung – nicht aber eine Scheidung – auszuarbeiten. Danach ging Einstein in Elsas Wohnung. Sie war mit ihren beiden Töchtern im Urlaub in Bayern, und er teilte ihr in einem Brief mit, dass er jetzt in ihrem Bett schlafe. Er gab zu, dass er das recht angenehm fand, auch wenn er sich für seine Sentimentalität rügte.

Mileva und ihre Söhne nahmen am 29. Juli 1914 den Frühzug nach Zürich; am Nachmittag desselben Tages weinte Einstein wie ein Kind. Seine Gefühle verwirrten diesen Mann, der sich einbildete, eben gerade keine Emotionen zu haben. Er glaubte sich frei von irgendwelchen dauerhaften Bindungen zu anderen, machte sich damit aber nur selbst etwas vor. Seine Liebe zu Mileva Marić und seinen Kindern war sehr real gewesen, und ihre Abreise stürzte ihn in tiefe Trauer.

Kurz zuvor hatten sie sich wegen der Finanzen und Milevas angeblichen Versuchen, die Kinder gegen Einstein aufzubringen, gestritten. Doch nicht allein dieser Konflikt verunsicherte Einstein: Im Herbst 1914 brach der Erste Weltkrieg aus, der eine weitere äußere Bedrohung darstellte, der Einstein mit der Flucht in die Arbeit zu entkommen versuchte.

Ausbruch des Ersten Weltkriegs

Der Kriegsausbruch im Herbst 1914 bestürzte Einstein zutiefst, vor allem weil er nun in ebenjenem Land arbeitete, das diesen Krieg gegen seine Nachbarn angezettelt hatte. Einstein war zeitlebens pazifistisch veranlagt, und es fiel ihm schwer zu ertragen, dass viele seiner Akademikerkollegen an der Berliner Universität anscheinend leidenschaftliche Befürworter des Krieges waren. Nernst, der ihn nach Berlin geholt hatte, arbeitete an der Entwicklung von Giftgas für Deutschland, weitere 93 deutsche Akademiker – darunter Max Planck – und Intellektuelle hatten einen »Appell an die Kulturwelt« unterzeichnet, der Deutschlands Position verteidigte und seine Rolle als Aggressor leugnete. Einsteins Reaktion darauf war zwiegespalten. Zum einen trat er dem »Bund Neues Vaterland« bei, der einen schnellen Frieden anstrebte und künftige Kriege verhindern wollte. Zum anderen warf er sich mit eskapistischer Leidenschaft in seine wissenschaftliche Arbeit.

UNTEN: *Sonderausgabe des Berliner Lokal-Anzeigers zum Ausbruch des Ersten Weltkriegs 1914.*

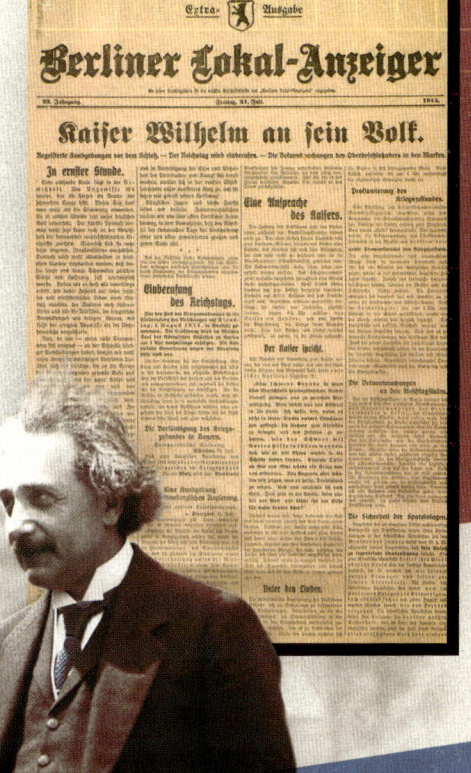

LINKS: *Einstein mit seiner zweiten Frau Elsa.*

Allgemeine Relativität

RECHTS: *Einstein 1914, ein Jahr bevor er an der Universität Göttingen seine allgemeine Relativitätstheorie vorstellte.*

Den ersten Schritt hin zur allgemeinen Relativitätstheorie tat Einstein im November 1907, als er einen Artikel über seine spezielle Relativitätstheorie schrieb. Zwei Einschränkungen dieser Theorie störten ihn. Erstens sagte sie aus, dass sich keine physikalische Interaktion schneller als in Lichtgeschwindigkeit verbreiten könne – ein Konflikt mit Newtons Theorie, die von Schwerkraft als Kraft ausging, die ohne Verzögerung zwischen zwei Objekten wirkt. Zweitens galt sie nur für den speziellen – daher die Bezeichnung – Fall konstanter Geschwindigkeit. Wenn man beschleunigte, sich drehte oder bremste, schienen sich die Dinge anders zu verhalten.

Als guter Wissenschaftler konnte Einstein es nicht leiden, wenn Dinge nur für besondere Fälle galten. Deshalb begann er mit der Suche danach, wie die Relativität zu verallgemeinern wäre, damit sie auch auf beschleunigte Bewegung zutraf, und entwickelte eine neue Theorie über die Schwerkraft.

Später erzählte Einstein von einem plötzlichen Einfall an seinem Schreibtisch im Patentamt: Eine Person müsste sich im freien Fall schwerelos fühlen. Diese überraschende Erkenntnis war der erste Schritt auf seiner Suche. Später betrachtete er sie als die beste Idee, die er je gehabt hätte.

Einstein erweiterte seine Gedankenexperimente auf andere Fälle, die mit der Schwerkraft und Beschleunigung zu tun hatten. Er stellte sich einen Mann vor, der in einem geschlossenen Raum in einem Gravitationsfeld wie der Erdoberfläche steht. Was spürt er? Er spürt – das kann man sich leicht vorstellen –, dass seine Füße auf den Boden drücken. Wenn er etwas aus seiner Tasche nimmt und es loslässt, fällt es beschleunigt auf den Boden. Dann stellte sich Einstein den Mann im gleichen Zimmer im Weltraum vor, wo es keine Schwerkraft gibt. Das Zimmer wird jedoch schnell nach oben gezogen. Was spürt der Mann? Das Gleiche! Seine Füße drücken auf den Boden. Und wenn er etwas fallen lässt, fällt es beschleunigt zu Boden.

Einstein nannte dies das Äquivalenzprinzip: Die Auswirkungen eines Gravitationsfeldes sind äquivalent zu jenen, wenn man sich schnell nach oben bewegt. Und wie bei der Frau im Zug und dem Mann auf dem Bahnsteig, die die beiden Blitze unterschiedlich wahrnehmen, ist keine der Empfindungen richtig oder falsch. Das Äquivalenzprinzip brachte Einstein zu einer fundamentalen Erkenntnis: dass Schwerkraft und Beschleunigung vom selben zugrunde liegenden Phänomen produziert werden.

1911 beschrieb er eine Folgerung aus dem Äquivalenzprinzip: Schwerkraft sollte demnach einen Lichtstrahl krümmen. Dies ergab sich aus dem Gedankenexperiment über den Kasten: Wenn ein Lichtstrahl durch ein kleines Loch in einer Kastenwand dringen kann, während sich der Kasten nach oben bewegt, erreicht das Licht die gegenüberliegende Wand an einer Stelle weiter unten, weil sich der Kasten selbst etwas nach oben bewegt hat. Zeichnet man die Bahn des Lichtstrahls in dieser

David Hilbert (1862–1943)

Der in Königsberg (heute Kaliningrad in Russland) geborene Hilbert wurde 1895 Professor an der Universität Göttingen. Zunächst war er als Mathematiker mit einer breiten Themenpalette bekannt. 1900 stellte er auf einem Kongress in Paris eine Liste mit 23 ungelösten Problemen vor, in vielerlei Hinsicht die Agenda der mathematischen Forschung für die nächsten 100 Jahre. Er wollte die Mathematik auf ein unumstößliches Fundament stellen – ein Ziel, das ihn in Opposition zu Kurt Gödels »intuitionistischer Logik« brachte. Sein Ausflug in die theoretische Physik im Jahr 1915, ausgelöst durch den Kontakt mit Einstein, führte zu ernsthaften Spannungen mit dem Physiker, der fürchtete, Hilbert könnte sich seiner Arbeit bemächtigen. Später versöhnten sie sich, und Hilbert half Einstein, in die Göttinger Akademie der Wissenschaften aufgenommen zu werden. Hilbert war politisch konservativ eingestellt, teilte aber Einsteins Meinung über Deutschlands Rolle im Ersten Weltkrieg und unterzeichnete den »Appell an die Kulturwelt«.

Situation nach, ergibt sich aufgrund der Beschleunigung nach oben eine gekrümmte Linie. Da laut Einsteins Äquivalenzprinzip Beschleunigung und ein Gravitationsfeld die gleichen Effekte erzielen, müsste Licht, das ein Gravitationsfeld passiert, ebenfalls eine gekrümmte Bahn beschreiben.

Diese Erkenntnisse führten Einstein zu einem völlig neuen Verständnis der Schwerkraft. Sie war nicht, wie Newton gesagt hatte, eine geheimnisvolle Anziehungskraft zwischen zwei Objekten, sondern ein Phänomen, in dem Objekte das Gewebe des Raums krümmen, und dieser gekrümmte Raum bestimmt die Bewegung der Objekte.

Als sein jüngerer Sohn Eduard ihn Jahre später fragte, warum er so berühmt sei, antwortete Einstein mit einem Bild, das seine Entdeckung beschreibt, dass Schwerkraft die Krümmung der Raumzeit ist: »Wenn ein blinder Käfer an einem gekrümmten Ast entlangkriecht, merkt er nicht, dass der Ast krumm ist. Ich hatte das Glück zu bemerken, was der Käfer nicht bemerkt hat.«

Die Beschreibung der Krümmung der Raumzeit erforderte mathematisches Rüstzeug, das die elegante Geometrie Euklids, die Einstein als Schuljunge bewundert hatte, überstieg. Leider war nicht-euklidische Geometrie, wie er am Züricher Polytechnikum bewiesen hatte, nicht eben Einsteins Stärke. Doch glücklicherweise kam ihm sein alter Freund Marcel Grossmann zu Hilfe.

Als Einstein im Frühjahr 1914 nach Berlin gezogen war und nachdem seine Familie ihn verlassen hatte, mietete er sich eine Wohnung in Elsas Nähe. Er führte ein einsames, fast klösterliches Leben, aß und schlief unregelmäßig und widmete sich ganz dem, was er »Entwurf« nannte, einer Lösung des Problems allgemeiner Relativität. Doch wie der Begriff vermuten lässt, war die Lösung nicht vollständig. Je mehr Einstein die Mathematik dieser Version der Theorie erforschte, umso weniger schien sie zu stimmen.

Einstein beschloss, den Status seiner Forschung in einer einwöchigen Vortragsreihe, die Ende Juni 1915 begann, kundzutun. Er

»Jeder kleiner Junge in Göttingen versteht mehr von der vierdimensionalen Geometrie als Einstein. Trotzdem ist es seine Arbeit, nicht die der Mathematiker.« — **David Hilbert**

suchte sich dafür wegen ihres hervorragenden Rufs bezüglich Mathematik und theoretischer Physik die Universität Göttingen aus. In einem Brief an einen Kollegen lobte er diesen Ort überschwänglich. Jeder dort schien die Einzelheiten dessen, was er sagte, zu verstehen. Ein Zuhörer interessierte ihn besonders: David Hilbert, dessen Übereifer, die Relativitätstheorie erklärt zu bekommen, Unannehmlichkeiten ankündigte. Hilbert

war von Einstein und seiner speziellen Relativitätstheorie so angetan, dass er das Problem selbst lösen wollte. Fieberhaft versuchte er, die mathematischen Gleichungen zu finden, die die Theorie untermauerten. Als Einstein von dieser Konkurrenz erfuhr, wurde er wütend.

Einen Monat lang versuchte Einstein verzweifelt, seinen Rivalen zu überholen, während er an der Preußischen Akademie

OBEN: *Eduard, Mileva und Hans Albert Einstein im Jahr 1914.*

RECHTS: *Die Universität Göttingen, an der Einstein 1915 seine bahnbrechenden Vorträge hielt.*

37

vier Vorlesungen über die neuesten Ergebnisse seiner Suche nach Gleichungen hielt. Im November 1915 schließlich ging Einstein mit einer endgültigen Überarbeitung von Newtons Universum als Sieger hervor.

Auf den wöchentlichen Zusammenkünften der Preußischen Akademie der Wissenschaften im großen Saal der Staatsbibliothek refe-rierten die Mitglieder über ihre neuesten Forschungsergebnisse. Am 4. November hielt Einstein hier seine erste Rede über allgemeine Relativität. Er erklärte seine wissenschaftlichen Bemühungen der letzten vier Jahre, die darauf ausgerichtet waren, seine spezielle Relativitätstheorie zu einer allgemeinen auszudehnen, auch auf Bereiche, in denen die Bewegung im beobachteten System nicht gleichmäßig war. Er war zuversichtlich bezüglich der wissenschaftlichen Basis dieser Theorie, gab aber zu, dass er die mathematischen Gleichungen bislang nicht konkretisieren konnte.

Einstein befand sich inmitten der höchsten Ekstase wissenschaftlicher Kreativität. Er arbeitete angestrengt. Im privaten Bereich kämpfte er noch immer mit seiner familiären Krise. Mileva erinnerte ihn in Briefen an seine finanziellen Verpflichtungen und wollte Richtlinien für seinen Umgang mit den Söhnen festlegen. Am 4. November, dem Tag seiner Rede vor der Akademie, schrieb er seinem Sohn Hans Albert einen gequälten Brief, in dem er versprach, ihn nach Möglichkeit einmal im Jahr für vier Wochen zu besuchen und ein echter, liebender Vater zu sein. Hans Albert könnte vieles von ihm lernen, das ihm sonst niemand beibringen konnte. Er schrieb, er habe in den letzten Tagen eine Arbeit beendet, auf die er sehr stolz sei, und er freue sich darauf, sie ihm zu erklären, wenn er älter sei. Er entschuldigte sich für seine Zerstreutheit – zuweilen sei er so von seiner Arbeit gefangen, dass er sogar das Essen vergesse.

Einsteins Beziehung zu Hilbert ver-schlechterte sich inzwischen. Er befürchtete, Hilbert könnte seine Arbeit verwenden,

Gewebe aus Raum und Zeit

Einstein beschrieb die Krümmung des Raums auf sehr anschauliche Art und Weise. Stellen Sie sich eine auf einem zweidimensionalen Gewebe, etwa auf der Oberfläche eines Trampolins, rollende Bowlingkugel vor. Sie dellt das Gewebe ein, krümmt es. Rollen Sie nun einige Billardkugeln darauf – sie rollen in Richtung Bowlingkugel, und zwar nicht weil, wie Newton es zu erklären versuchte, die Bowlingkugel eine mysteriöse Anziehungskraft ausübt, sondern weil die Bowlingkugel das Gewebe eingedellt hat und die Billardkugeln in diese Mulde hineinrollen. Zweidimensional können wir uns das leicht vorstellen; doch Einstein konnte ein Objekt visualisieren, das alle drei Dimensionen des Raums krümmt. Tatsächlich stellte er sich sogar vor, wie ein Objekt alle vier Dimensionen des verflochtenen Gewebes aus Raum und Zeit, Raumzeit genannt, krümmt.

Allgemeine Relativitätstheorie

Albert Einstein.

Es ergeben sich also die Gl.

$$\mathrm{rot}\, f = \frac{1}{c}\left(\frac{\partial n}{\partial t} + i\right) \qquad \mathrm{rot}\, n = -\frac{1}{c}\frac{\partial f}{\partial t}$$

$$\mathrm{div}\, n = \varrho \qquad \qquad \mathrm{div}\, f = 0$$

Kraftdichte auf el. Ströme. Nach Impulssatz

$$\int_{1} (f\varrho + k)\, dV = 0$$

$$\mathrm{div}\, f$$

$$f_x \left(\frac{\partial f_x}{\partial x} + \frac{\partial f_y}{\partial y} + \frac{\partial f_z}{\partial z} \right)$$

part. Integration und unt. Maxw. Gl.

$$\int \left(k - \frac{1}{c}[i, f] \right) dV = 0$$

$$k_{el.} = \frac{1}{c}[i, f] = \varrho \left[\frac{v}{c}, f \right]$$

Gesamtkraft also

$$k = \varrho \left\{ n + \left[\frac{v}{c}, f \right] \right\}$$

---

18. X.

Lorentz'sche Theorie ruhender Körper

$$\varrho = \varrho_\ell + \varrho_d$$

$$i = i_\ell + i_d + i_m$$

$$\left.\begin{array}{ll} \varrho_\ell = \varrho & i_\ell = i \\[4pt] \varrho_d = \frac{\partial \varrho_d}{\partial t}\, dy \quad i_d = \frac{\partial y}{\partial t} \\[4pt] \varrho_m = 0 & i_m = \mathrm{rot}\, \varphi \end{array}\right.$$

Ableitung für i_m :

Magnetel. von best $\mathfrak{I}$, f u. Normale n

$$(\varphi) = \frac{\mathfrak{I}}{c} f(N)\, n \quad \Big| \quad \varphi_x = \frac{\mathfrak{I}}{c} f N \cos\alpha$$

Strom, welcher $d\mathfrak{s}$ umgibt

$$\mathfrak{I} f \cos(n d\mathfrak{s} \,|\, d\mathfrak{s}\,|)\,(N) = (\varphi)\, d\mathfrak{s}$$

Für alle Magnetomengebt. $\Sigma(\varphi)\, d\mathfrak{s} = \oint \varphi\, d\mathfrak{s}$

Strom durch Fläche $\oint \varphi\, d\mathfrak{s} = c\int \mathrm{rot}_n\, \varphi\, dS$

Daraus $i_m = \mathrm{rot}\, \varphi$

Eingesetzt

$$\mathrm{rot}\left(f - \varphi \right) = \frac{1}{c}\frac{\partial (n + y)}{\partial t} + \frac{1}{c} i \quad \Big| \quad \mathrm{rot}\, n = -\frac{1}{c}\frac{\partial f}{\partial t}$$

$$\mathrm{div}\,(n + y) = \varrho \qquad\qquad\qquad \mathrm{div}\, f = 0$$

$$\left.\begin{array}{l} k = \delta n \\ y = k - 1\, n \\ (\varepsilon - 1)\!\left(\frac{4\pi}{f_n}\right) \\ f_n \end{array}\right.$$

$$\text{rot}\left\{ \mathfrak{f} + \left[\tfrac{q}{c}\cdot \mathfrak{y}\right] \right\} = \tfrac{1}{c}\tfrac{\partial x}{\partial t} + \tfrac{\partial y}{\partial t} \quad \text{rot}\,\alpha = -\tfrac{1}{c}\tfrac{\partial y}{\partial t}$$

wo η_x, $\mathfrak{f}_x$, $\mathfrak{f}_z$ von null verschiedene Funktionen $(x - Vt)$

$$+ \mathfrak{f}' + \tfrac{q}{c}\mathfrak{y}' = +\tfrac{V}{c}\mathfrak{f}(x' + y') \qquad \text{Unt Bed nach } x \text{ diff}$$
$$y' = (\varepsilon - 1)\left(x' + \tfrac{q}{c}\mathfrak{f}\right)$$

$$x' = \tfrac{V}{c}\mathfrak{f}'$$

$$\tfrac{V}{c} x' - \tfrac{q}{c}\mathfrak{y}' - \mathfrak{f}' = 0$$
$$x' \qquad\qquad - \tfrac{V}{c}\mathfrak{f}' = 0$$
$$x' - \tfrac{1}{\varepsilon - 1}y' - \tfrac{q}{c}\mathfrak{f}' = 0$$

$$\begin{vmatrix} \tfrac{V}{c} & \tfrac{q}{c}\tfrac{1}{c} & 1 \\ 1 & 0 & \tfrac{V}{c} \\ 1 & \tfrac{1}{\varepsilon - 1} & \tfrac{q}{c} \end{vmatrix} = 0$$

$$\tfrac{V \eta}{c^2} + \tfrac{1}{\varepsilon - 1} - \tfrac{V^2}{c^2(\varepsilon - 1)} = 0$$

$$\tfrac{V\eta}{c^2}(\varepsilon - 1) + 1 - \varepsilon \tfrac{V^2}{c^2} = 0$$

$$V = V_0 + \Delta \qquad V^2 = \tfrac{c^2}{\varepsilon} \qquad \tfrac{(V_0 + \Delta)^2}{V_0^2} = \tfrac{1}{\varepsilon}\left(1 + 2\tfrac{\Delta}{V_0}\right)$$
$$\tfrac{c}{\sqrt{\varepsilon}}$$

$$2\tfrac{V_0 \eta}{c^2}(\varepsilon - 1) = 2\tfrac{\Delta}{V_0}$$

$$\Delta = x^2 \tfrac{(\varepsilon - 1)}{n^2}\eta = \left(1 - \tfrac{1}{n^2}\right)\eta \quad\bigg|\quad V = V_0 + \left(1 - \tfrac{1}{n^2}\right)\eta$$

9. XI fiel aus wegen Revolution.

16. XI. } Lorentz-Transformation

23. XI. }

30. XI Starre Körper und Uhren

7. XII. Additionstheorem

der Geschwindigkeit

Minkowski's Interpretation

der Lorentz-Transformation.

14 XII Relativitätsprinzip und

Lorentz-Transformation

Vektoren u Tensoren als Hilfsmittel der Theorie.

Theorie der Tensoren.

Versuche von Roland, Rentgen und Eichenwald,
Wilson, Fizeau'scher Versuch, Theorie nachher. Hierzu
Ströme i_e und i_d nötig.

2. XI.

$$i = i_e + i_d \qquad \varrho = \varrho_e + \varrho_d$$

$$i_e = i + \eta \varrho \qquad \varrho \qquad -div\, \mathfrak{g}$$

Berechnung von i_d

1) $\dfrac{\partial \mathfrak{g}}{\partial t}$

2) Beitrag bei zeitlich konstantem $\mathfrak{g}$ wegen η

$$-\int div\, \mathfrak{g}\; \eta_n\, dS + \left(\int_{S'} - \int_S\right)(\mathfrak{g}_n\, dS \,\Big| = \frac{dt}{s}\int rot_n\,[\eta, \mathfrak{g}]\, dS$$

Nun ist aber

$$\int div\, \mathfrak{g}\; \eta_n\, dS = \int_{S'} - \oint_S + \int \mathfrak{g}_n^{\,2} \left[\mathfrak{g}\, d\mathfrak{s}, \eta_n\right]$$

$$\int d\mathfrak{s}\,[\eta_n, \mathfrak{g}]$$

$$\int rot_n\,[\eta_n\, \mathfrak{g}]\, dS$$

also $\quad \varrho = \varrho - div\, \mathfrak{g}$

$$i = i + \eta\varrho - rot\,[\eta, \mathfrak{g}]$$

Lorentz'sche Gleichungen lauten also

$$rot\left\{\mathfrak{f} + [\eta, \mathfrak{g}]\right\} = \frac{1}{c}\frac{\partial n}{\partial t} + \frac{1}{c}i + \frac{\eta}{c}\varrho \quad\Big|\quad rot\, n = -\frac{1}{c}\frac{\partial \mathfrak{f}}{\partial t}$$

$$div\,(n + \mathfrak{g}) = \varrho \qquad\qquad\qquad\;\Big|\quad div\, \mathfrak{f} = 0.$$

Bei Fizeau'schen Versuch keine Leitung.

Hierzu

$$i = \sigma\left(n + \left[\frac{\eta}{c}\mathfrak{f}\right]\right)$$

$$\mathfrak{g} = (\varepsilon - 1)\left(n + \left[\frac{\eta}{c}\mathfrak{f}\right]\right)$$

Ende des Kollegs am Heftende (in
Zürich notiert).

Allgemeine Relativität
Sommersemester 1919. Berlin
5. $\underline{V}$.

Unvollkommenheiten der kl. Mechanik
Gleichheit der schweren & trägen Masse bleibt
unerklärt. (Eötvös).
Bevorzugung der Inertialsysteme bleibt uner-
klärt.
Aequivalenzprinzip.

12. $\underline{V}$

Weiteres über Aequivalenzprinzip

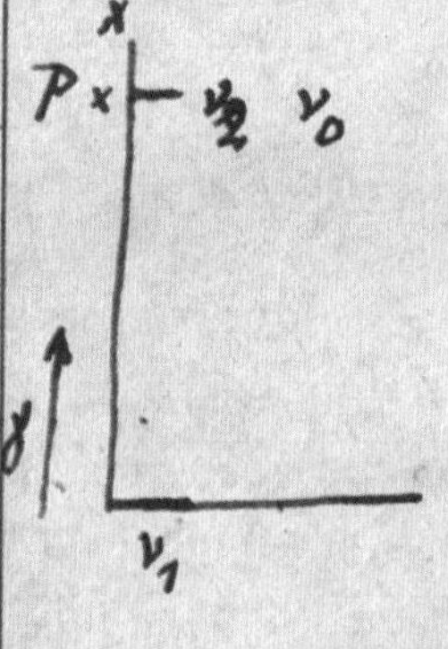

$$\nu_2 \frac{\gamma \frac{x}{c}}{c} = \nu_1 - \nu_2$$

$$\nu_1 = \nu_2\left(1 + \frac{\gamma x}{c^2}\right) = \nu_2\left(1 + \frac{\Phi}{c^2}\right)$$

Atom in Ursprung hat auch
Frequenz ν_2

Also Uhr in P geht vom Ursprung beurteilt
rascher als Uhr in Ursprung.
Verschiebung der Spektrallinien nach dem rot.
Zeitmessung durch überall gleich beschaffene Uhren
nicht möglich.

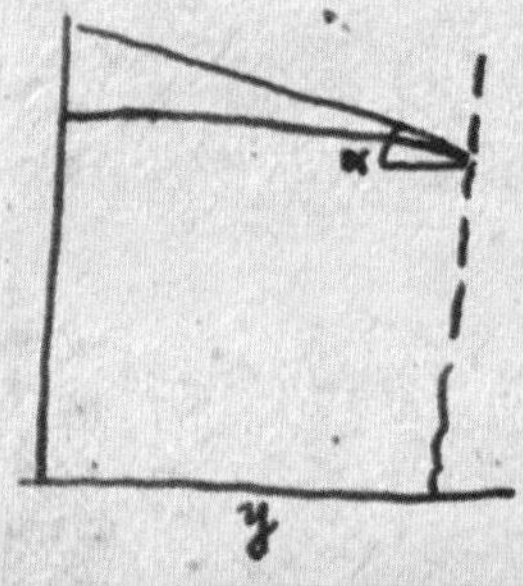

$\frac{y}{c}$ Lichtzeit, $\gamma \frac{y}{c}$ gewonnene Geschw.

$$\alpha = \gamma \frac{y}{c^2}$$

Verallgemeinert

$$d\alpha = g_n \frac{dl}{c^2}$$

21. XII

Symmetrische u. antisymmetrische Tensoren im dreidimensionalen Raum. Spezielle T. $S_{\mu\nu}$ u. $\delta_{\varrho\sigma}$ Differential - Operationen.

4.I. 19.

Minkowski. Ponderable Körper

Zunächst im Lorentz'schen Sinne ergänzt.

Lorentz für ruhende Körper

$$\mathrm{rot}\,(\mathfrak{f} - \mathfrak{m}) = \frac{\partial \mathfrak{n} + \mathfrak{q}}{\partial t} + \mathfrak{i} \qquad \Big| \qquad \mathrm{rot}\,\mathfrak{n} + \frac{\partial \mathfrak{f}}{\partial t} = 0$$

$$\mathrm{div}\,(\mathfrak{n} + \mathfrak{q}) = \qquad\qquad \varrho \qquad \Big| \qquad \mathrm{div}\,\mathfrak{f} = 0$$

Für Ruhe $\qquad -\mathfrak{m}_x \quad -\mathfrak{m}_y \quad -\mathfrak{m}_z \quad -i\mathfrak{q}_x \quad -i\mathfrak{q}_y \quad -i\mathfrak{q}_z$

$$p_{23} \qquad p_{31} \qquad p_{12} \qquad p_{14} \qquad p_{24} \qquad p_{34}$$

$$\frac{\partial (f_{\mu\nu} + p_{\mu\nu})}{\partial x_\mu} = J_\mu \quad (\text{Vierervekt. des Leitungsstromes})$$

$$\frac{\partial f_{\mu\nu}}{\partial x_\varrho} + \frac{\partial f_{\nu\varrho}}{\partial x_\mu} + \frac{\partial f_{\varrho\mu}}{\partial x_\nu} = 0$$

Materie - Bedingungen

$p_{\mu\nu} J_\mu$	$p_{12} J_2 + p_{13} J_3 + p_{14} J_4$	$-\mathfrak{m}_z \frac{\partial \mathfrak{q}_y}{} + \mathfrak{m}_y \frac{\partial \mathfrak{q}_z}{} + i\mathfrak{q}_x \cdot \frac{i \mathfrak{i}}{\mathfrak{v}}$
für J_1	$f_{12}\,u_2 + f_{23}\,u_3 + f_{14}\,u_4$	$\qquad - \qquad\qquad - \; -\; i\,\mathfrak{n}_x \frac{\mathfrak{i}}{\mathfrak{v}}$

$$\boxed{(\varepsilon \cdot) f_{\mu\nu}\,u_\nu = p_{\mu\nu}\,u_\nu}$$

$$\begin{array}{c} 1 \\ \scriptstyle || \end{array} \Big| \; p_{23} J_4 + p_{34} J_2 + p_{42} J_3 \;\Big|\; -\mathfrak{m}_x \cdot \frac{i}{\mathfrak{v}} \,)$$

$$-\tfrac{\mu}{1+\mu} \cdot \Big| \; f_{23} J_4 + \cdot + \cdot \;\Big|\; \mathfrak{f}_1 \frac{i}{\mathfrak{v}}$$

$$\overline{\phantom{p_{\mu\nu}}}$$

$$p_{\mu\nu} J_\varrho + \cdot + \cdot = -\frac{\mu}{1+\mu}\left(f_{\mu\nu} J_\varrho + \cdot + \cdot\right)$$

$$\left(-1 + \frac{1}{1+\mu}\right)$$

$$(p_{\mu\nu} + f_{\mu\nu})\,u_\varrho + \cdot + \cdot = \frac{1}{1+\mu}\left(f_{\mu\nu}\,u_\varrho + \cdot + \cdot\right)$$

$$\mathfrak{b} \qquad \mathfrak{m}$$

$$\mathfrak{m} = \mu(\mathfrak{b} - \mathfrak{m})$$

$$\mathfrak{m}(1 + \mu) = \mu \mathfrak{b}$$

$$\mathfrak{m} = \frac{\mu}{1+\mu}\,\mathfrak{b}$$

wobei aber die qμν _reelle_ Funkt des Ortes sind.

Best. noch den. früheren Gravitationsfeld

Oben begegneten wir Spezialfall

$$ds^2 = -dx^2 - dy^2 - dz^2 + c^2 dt^2,$$

wobei c variabel war. Ist offenbar nicht invariant f. bel. Subst.

Zusammenhang der qμν mit Gravitationsfeld zeigt sich bei Betrachtung der Minimallinie

$$\delta \left\{ \int ds \pm \int \bar{\Phi} dt \right\} = 0$$

1) sp. Rel. Th. $ds^2 = -dx_1^2 - \cdots + dx_4^2 = dt^2(1 - q^2)$

$$L = \sqrt{1 - q^2}$$

$$\delta \int \left(L + \frac{\bar{\Phi}}{i} \right) dt$$

$$-\frac{d}{dt}\left(\frac{\partial L}{\partial \dot{x}_\nu} \right) - \frac{\partial L + \bar{\Phi}}{\partial x_\nu} = 0$$

$$\frac{d}{dt}\left(\frac{\partial L}{\partial \dot{x}_\nu} \right) = -\frac{\partial \bar{\Phi}}{\partial x_\nu} = \frac{d}{dt}\left(\frac{\dot{x}}{\sqrt{1 - q^2}} \right)$$

2) Weiterer Spezialfall

$$\delta \int ds = \delta \int \sqrt{c^2 - q^2}\, dt = 0$$

$$+\frac{d}{dt}\left(\frac{\dot{x}}{\sqrt{c^2 - q^2}} \right) + \frac{c \frac{\partial c}{\partial x}}{\sqrt{}} = 0 \qquad \sim \frac{\partial c}{\partial x}$$

für kleine Geschw.

3) Allgemein

$$\delta \int ds = 0 \qquad ds^2 = g_{\mu\nu}\, dx_\mu\, dx_\nu$$

Die qμν best. gleichz. Metrik (Massstäbe u Uhren) und Gravitationsfeld.

Physikalische Erfahrungen immer Konstatierungen von Koinzidenzen. (raumzeitliche Koinzidenzen) Diese finden dadurch Ausdruck, dass zwei oder mehr versch. Ereignisse dieselben Koordinaten $x\ y\ z\ t$

$$bzw.\ x_1 \ldots x_4$$

haben. Dies ist die alleinige Bedeutung der Koordinaten, wenn deren unmittelbare metrische Bedeutung dahinfällt. Dann ist keine Berechtigung dafür vorhanden, nur lineare orthogonale Subst. zuzulassen.

Invarianz für beliebige Transformationen gefordert. (Verallgemeinerung der Gauss'schen Koordinaten) Dies ist verallgemeinertes Relativitätsprinzip. Streng genommen keine Wesensbedingung für Naturgesetze sondern nur Gesichtspunkt für Auswahl.

Fundamental-Invariante.

In sp. Relativitätstheorie

$$\left(\sum x_\nu^2 \quad bzw.\right) \qquad \sum dx_r^2 = d\bar s^2 \qquad \bigg|\ \frac{Wenn\ zeitartig}{d\tau = \sqrt{1 - q^2}\ dt}$$

Unabhängig von der Wahl des Bezugssystems. Wenn zeitartig, prinzipiell durch Uhr messbar, immer mittels Massstäben und Uhren. (Physikalisch sinnvolle Invariante)

Im Unendlich Kleinen soll spezielle Relativitätstheorie gelten.

$$-dX_1^2 - dX_2^2 - dX_3^2 + dX_4^2 \quad \sum dX_\nu^2 = ds^2$$

physikalisch sinnvolle Invariante, die zwei benachbarten Weltpunkten zugeordnet ist. Bei beliebiger Subst.

$$dX_\nu = \alpha_{\nu\sigma}\ dx_\sigma$$

Durch Einsetzen erhält man Form

$$ds^2 = \sum g_{\mu\nu}\ dx_\mu\ dx_\nu$$

Krümmung der Lichtstrahlen beweist Abhängigkeit der Lichtgeschw. vom Ort.

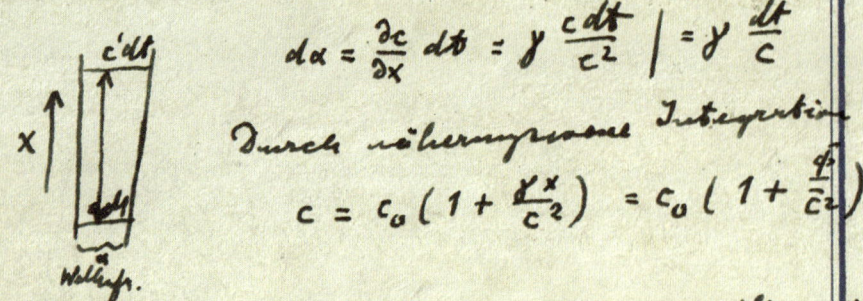

$$d\alpha = \frac{\partial c}{\partial x}\, dt = \gamma \frac{c\, dt}{c^2}\;\Big| = \gamma \frac{dt}{c}$$

Durch näherungsweise Integration

$$c = c_0\left(1 + \frac{\gamma x}{c^2}\right) = c_0\left(1 + \frac{\phi}{c^2}\right)$$

Lichtgeschw. vom Gravitationspot. abhängig. Stimmt mit obiger Betrachtung, indem Lichtuhr $\nu = \frac{c}{\ell} = \nu_0\left(1 + \frac{\phi}{c^2}\right)$

Ablenkung an Stern.

$$d\alpha = \frac{kM}{r^2}\frac{dy}{c^2}\cos\varphi$$

$$r = \frac{\Delta}{\cos\varphi} \qquad y = \Delta\, tg\,\varphi$$

$$\frac{1}{r^2} = \frac{\Delta}{\cos\varphi}\frac{\cos^2\varphi}{\Delta^2}\Big| y = \frac{\Delta}{\cos^2\varphi}\, d\varphi$$

$$\int d\alpha = \frac{kM}{\Delta c^2}\underbrace{\int\cos\varphi\, d\varphi}_{2} = \frac{2kM}{\Delta c^2} = \frac{2\phi_\Delta}{c^2}$$

Übertragung des Resultats auf beliebige Grav. Felder hypothetisch. Später wird sich zeigen, dass Resultat nicht richtig.

Gleichförmig rot. System. Gang der Uhr. Bestätigung des obigen Resultats. Ungültigkeit der Eukl. Geometrie für Massstäbe.

ihn überholen und als Erster eine allgemeine Theorie der Relativität entwickeln. Er schrieb seinem Konkurrenten und fügte eine Kopie seines Vortrags vom 4. November bei. Scheinbar defensiv fragte er, ob Hilbert seine neue Lösung als richtig erachte. In der Arbeit, die er in der Woche darauf ablieferte, verfeinerte Einstein die verwendeten mathematischen Tensoren, d.h. die multilinearen Abbildungen. Er schien der Lösung nahe zu sein, war aber frustriert, weil er so langsam vorankam. Zum eigenen Schutz schickte er Hilbert auch eine Kopie dieser Schrift.

Hilberts Antwort war für Einstein alles andere als beruhigend. Er behauptete, eine »Lösung für Ihr großes Problem« gefunden zu haben. Er hätte eigentlich seine eigene Theorie noch ausarbeiten wollen, »da Sie aber so interessiert sind, so möchte ich am kommenden Dienstag, also überübermorgen, meine Theorie ganz ausführlich entwickeln«. Er lud Einstein nach Göttingen ein, wo er, Hilbert, am 16. November bei einer öffentlichen Vorlesung die Ergebnisse seiner Arbeit vorlegen wollte. Er fügte die Abfahrzeiten der Züge von Berlin an und versicherte, er und seine Frau würden sich freuen, wenn er bei ihnen übernachte. Provozierend fügte er in einem Postskriptum hinzu: »Soweit ich Ihre neue Schrift verstehe, ist Ihre Lösung vollkommen anders als meine.«

Einstein verfasste am 15. November mehrere Briefe, die einen Einblick liefern, wie geschäftig sein Leben inzwischen geworden war – so geschäftig sogar, dass er unter Magenschmerzen litt. Er schrieb erneut an seinen Sohn Hans Albert, dass er zu Weihnachten in die Schweiz kommen und ihn besuchen wolle. Einen weiteren Brief schickte er an Mileva: Er dankte ihr dafür, dass sie nicht danach trachtete, die Beziehung zwischen ihm und seinen Söhnen zu zerstören. Und einem Freund erzählte er in einem weiteren Brief, dass er seine Gravitationstheorie neu formuliert habe, da er erkannt hatte, dass seine früheren Beweise fehlerhaft waren. Er fügte hinzu, dass er Ende des Jahres in die Schweiz reisen wolle.

Auch an Hilbert ging ein Brief voller Unbehagen. Er lehnte die Einladung nach Göttingen für den nächsten Tag ab. Überarbeitung und Magenschmerzen würden ihn daran hindern – aber er wäre dankbar, wenn Hilbert ihm einige Proben seiner Arbeit schicken könnte, weil ihn die Andeutungen in seinem Brief neugierig gemacht hätten.

In jener Woche hob eine Entdeckung Einsteins Laune erheblich. Er wusste zwar, dass zur Perfektion seiner Gleichungen noch viel Arbeit nötig war, doch er beschloss, sie auf etwas anzuwenden, was Physiker schon lange ärgerte: eine unerklärliche kleine Anomalie in der Umlaufbahn des Planeten Merkur. Das Ergebnis war ein Triumph, den er bei seinem dritten Vortrag vor den preußischen Akademikern enthüllte: Seine neue Relativitätstheorie galt für die kleine Abweichung in der Umlaufbahn des Merkur. Vor Aufregung hatte er Herzklopfen. Einem Kollegen gegenüber frohlockte er, dass seine Entdeckung ihm recht gab und dass er den Astronomen, die die winzigsten Unterschiede vermaßen und die er vordem verspottet hatte, zutiefst dankbar sei.

In seiner Rede vom 18. November kündigte Einstein auch die Aktualisierung einer Kalkulation an, die er acht Jahre zuvor, am Anfang seiner Beschäftigung mit der allgemeinen Relativität, entwickelt hatte. Nach seiner damaligen Berechnung krümmte das Gravitationsfeld der Sonne das Licht um 0,85 Winkelsekunden. Nach den neuen Gleichungen war dieser Wert doppelt so groß. Um dies zu überprüfen, musste er jedoch auf die nächste Sonnenfinsternis in drei Jahren warten.

Am selben Tag erhielt Einstein eine Kopie der Rede, die Hilbert in Göttingen gehalten hatte. Der Inhalt schien beunruhigend nahe an seiner eigenen Arbeit zu sein. In seiner Antwort stellte Einstein brüskiert klar, dass er als Erster zu den gleichen Resultaten gekommen war. Er teilte Hilbert unverblümt mit, dass die Ergebnisse in dessen Schriften mit jenen übereinstimmten, die er selbst bereits der Akademie präsentiert hatte. Darüber hinaus wollte er eine weitere Arbeit vorlegen, in der er die Perihel-(sonnennahe)Bewegung des Merkur mit der allgemeinen Relativitätstheorie erklären werde. Dies sei etwas, was nur mithilfe seiner eigenen Gravitationstheorie zu bewerkstelligen sei.

Hilberts Antwort war großzügig und beanspruchte nicht die Überlegenheit seiner eigenen Berechnungen: »Herzlichste Gratulation

Paul Dirac (1902–1984)

Der in Bristol als Sohn eines Schweizers geborene Paul Dirac, der einst einer der größten theoretischen Physiker Großbritanniens werden sollte, studierte an der Universität Bristol bis 1921 Elektrotechnik. In Cambridge, wo er promovierte, wandte er sich dem neuen Thema der Quantenmechanik zu. Er war ein Pionier auf dem Gebiet der Quanten-Elektrodynamik und entwickelte Gleichungen, die die Existenz des Positrons vorhersagten. Seine Leistungen brachten ihm 1932 die Berufung als Professor an den Lucasischen Lehrstuhl für Mathematik in Cambridge sowie 1933 den Nobelpreis für Physik ein. Es war eine ausgesprochene Ehre für Einstein, dass ein solch bedeutender Physiker die allgemeine Relativitätstheorie als die wahrscheinlich größte wissenschaftliche Entdeckung aller Zeiten bezeichnete.

Als sich Einstein mit der nichteuklidischen Geometrie herumschlug, die er für die Definition des Gravitationsfeldes brauchte, rettete ihn erneut sein alter Freund Marcel Grossmann, dessen Mathematikmitschriften ihm am Polytechnikum eine so große Hilfe gewesen waren. Während Einstein damals in den beiden Geometriekursen mit 4,25 abgeschnitten hatte, hatte Grossmann die Bestnote, 6, bekommen. Zudem hatte er seine Doktorarbeit über nichteuklidische Geometrie geschrieben und danach sieben Schriften zu dem Thema verfasst. Einstein flehte Grossmann an, ihm zu helfen, weil er sonst den Verstand verlieren würde. 1912 bis 1915 rang Einstein mit Grossmanns Hilfe mit mathematischen Werkzeugen namens »metrischen Tensoren«, um die Feldgleichungen zu finden, die seine Erkenntnis, dass die Erdanziehung als Krümmung der Raumzeit definiert werden kann, mathematisch belegten.

zur Bewältigung der Perihelbewegung. Wenn ich so rasch rechnen könnte wie Sie, müsste sich bei meinen Gleichungen das Elektron ergeben und das Wasserstoffatom eine Entschuldigung vorbringen, warum es nicht strahlt.« Doch Hilberts Bescheidenheit schien geheuchelt, denn schon am Tag darauf legte er einem Wissenschaftsjournal in Göttingen eine Arbeit vor, die seine eigenen Gleichungen zur allgemeinen Relativität enthielt. Der von ihm gewählte Titel war reine Prahlerei: »Die Grundlagen der Physik«.

Niemand weiß, wie aufmerksam Einstein die Schrift, die Hilbert ihm geschickt hatte, las oder ob er daraus irgendwelche Erkenntnisse für seine vierte Rede vor der Preußischen Akademie ableitete. Wahrscheinlicher ist, dass seine Arbeit über den Merkur und die Krümmung des Lichts ihn zu eigenen Schlussfolgerungen brachte. Jedenfalls hatte er bis zum 25. November 1915, dem Tag seines letzten Vortrags mit dem Titel »Die Feldgleichungen der Gravitation«, neue Gleichungen entwickelt, die die allgemeine Relativitätstheorie besiegelten.

Für den Laien war dies nicht annähernd so anschaulich wie das schlicht-elegante $E = mc^2$. Doch die Einbeziehung von Tensoren, die abstruse mathematische Vorstellungen in harmlose tiefergestellte Zeichen umwandeln, verkürzte Einsteins Gleichung, sodass sie heute als Aufdruck auf die T-Shirts eifriger Physikstudenten passt. In ihrer am leichtesten verdaulichen Variante lautet sie:

$$R_{\mu\nu} - \tfrac{1}{2}\, g_{\mu\nu} R = 8\pi T_{\mu\nu}$$

Die linke Seite der Gleichung beschreibt, wie die Geometrie von Raumzeit durch Materie verzerrt und gekrümmt wird; die rechte Seite besagt, wie Materie sich im Gravitationsfeld bewegt. Die beiden Seiten der Gleichung demonstrieren die Krümmung der Raumzeit durch Objekte und, umgekehrt, wie die Bewegung dieser Objekte wiederum von der Krümmung beeinflusst wird. In den knappen Worten des Physikers John Wheeler ausgedrückt: »Die Materie schreibt der Raumzeit vor, wie sie sich zu krümmen hat, und die Raumzeit schreibt der Materie vor, wie sie sich zu bewegen hat.«

Einstein befürchtete, dass Hilbert ein Teil der Verdienste zugeschrieben würde. Doch dieser erklärte großzügig, es sei allein Einsteins Theorie. »Jeder kleine Junge in Göttingen versteht mehr von der vierdimensionalen Geometrie als Einstein. Trotzdem ist es seine Arbeit, nicht die der Mathematiker«, stellte er fest. Mit gerade einmal 36 Jahren konnte Einstein mit einer der revolutionärsten Überarbeitungen unserer Vorstellungen vom Universum aufwarten. Im Newtonschen Universum war Zeit ein absolutes Konzept gewesen, unabhängig und unbeeinflusst von Betrachtungen, und auch der Raum war etwas Gigantisches, aber Greifbares gewesen. In Newtons Weltsicht war die Schwerkraft etwas, das Körper auf mysteriöse, nicht erklärbare Art und Weise durch den Raum aufeinander ausüben. Einsteins spezielle Relativitätstheorie änderte alles. Er zeigte, wie Zeit und Raum zusammenhingen. Mit der allgemeinen Theorie führte er dies weiter aus, um die von Objekten verursachte Dynamik der Raumzeit und den dadurch verursachten Effekt auf die Objekte aufzuzeigen. Max Born, ein weiterer Physiktitan, bezeichnete Einsteins Theorien als »die herausragendste Leistung menschlichen Denkens über die Natur«.

Einstein war ausgelaugt, aber euphorisch. Trotz einer gescheiterten Ehe und des grausamen Krieges in Europa war dies wohl seine glücklichste Zeit. Er schrieb Besso, dass seine kühnsten Träume wahr geworden seien und er glücklich, aber erschöpft sei.

Freundschaftlich überreicht von Ihrem A. Einstein.

Über die spezielle und die allgemeine Relativitätstheorie

(Gemeinverständlich)

Von

A. EINSTEIN

Mit 3 Figuren

Braunschweig
Verlag von Friedr. Vieweg & Sohn
1917

RECHTS:
Die Erstausgabe von Einsteins Über die spezielle und die allgemeine Relativitätstheorie aus dem Jahr 1917.

LINKS: *Die Kanonenfabrik Krupp in Essen, 1914. Sie belieferte die deutsche Armee im Ersten Weltkrieg mit schwerer Artillerie.*

Heimatfront

Einsteins größte Stärke als Wissenschaftler war sein Nonkonformismus. Seine Weigerung, Autoritäten oder Konventionen anzuerkennen, spiegelt sich auch in seiner politischen Haltung und in seinem Privatleben wider.

Als 1914 in Europa der Krieg ausbrach, trat der Patriotismus der Preußen zutage.

Einstein dagegen erklärte sich zum Pazifisten und wurde zu einer wichtigen Figur in der internationalen Antikriegsbewegung. In der Tat gibt es kaum eindrücklichere Beispiele für Nonkonformismus, als Ende 1914 in Berlin Pazifist und Kriegsgegner zu werden.

Einstein war der Meinung, Wissenschaftler hätten die Pflicht, gegen den Krieg zu sein.

Er hielt ihn für irrational. Tatsächlich glaubte er, dass alle Arten von Nationalismus irrational seien. Seiner Ansicht nach lag es in der Verantwortung der wissenschaftlichen Gemeinde, den Internationalismus zu fördern, doch zu seinem Bedauern taten dies einige Wissenschaftler nicht. Deshalb war er so enttäuscht, als seine drei engsten Kollegen an der Berliner Universität – Fritz Haber, Walther Nernst und Max Planck – in Gleichschritt mit der deutschen militärischen Mentalität fielen.

Alle drei unteschrieben eine Petition zur Verteidigung von Deutschlands Anliegen in diesem Krieg. Einstein antwortete mit der Unterzeichnung einer pazifistischen Erklärung, unter der nur zwei weitere Signaturen standen. Er trat auch früh dem pazifistischen »Bund Neues Vaterland« bei, der sich für einen baldigen Frieden und die Einführung eines föderalen Systems in Europa einsetzte, das solche Konflikte in Zukunft unnötig machen würde. Einsteins Söhne lebten noch immer mit ihrer Mutter in Zürich, und der Krieg machte Besuche schwierig. Der elfjährige Hans Albert schrieb ihm zwei herzzerreißende Briefe, in denen er ihn bat, ihn und Eduard zu Ostern 1915 zu besuchen, damit »wir wieder einen Papa haben«. Auf seiner nächsten Postkarte schrieb er, sein kleiner Bruder Eduard hätte

Fritz Haber (1868–1934)

Der Jude Fritz Haber versuchte zu Einsteins Missfallen, sich in die deutsche Gesellschaft einzugliedern. Er trat zum Christentum über, ließ sich taufen und kleidete sich wie ein echt preußischer Herr, bis hin zum Kneifer auf der Nase. Der Chemiker bekam 1918 für die Gewinnung von Ammoniak aus Stickstoff den Nobelpreis, doch diesen verwendete das deutsche Militär für die Herstellung von Sprengstoffen auf industriellem Niveau. Haber war auch an der Entwicklung von Chlorgas beteiligt, in dessen tödlichen Wolken viele Tausend Soldaten einen quälenden Tod fanden, nachdem sich Lunge und Kehle mit der ätzenden Substanz gefüllt hatten. Haber war sogar persönlich anwesend, als im April 1915 im belgischen Ypres das Zeitalter der chemischen Waffen eingeläutet wurde, wobei 5000 französische und belgische Soldaten ums Leben kamen. Seine Konvertierung zum Christentum nützte ihm nichts, als die Nationalsozialisten an die Macht kamen. 1933 floh er in die Schweiz, wo er im Jahr darauf an einem Herzinfarkt starb.

Walther Hermann Nernst (1864–1941)

Ein weiterer Berliner Kollege Einsteins, der diesen mit seiner Haltung im Krieg enttäuschte, war Walther Nernst. 1887 schrieb er an der Universität Würzburg seine Doktorarbeit über elektromotorische Kräfte, 1905 kam er als Chemieprofessor nach Berlin, 1920 erhielt er für seine bahnbrechende Arbeit über Thermochemie, die das Dritte Gesetz der Thermodynamik lieferte, den Nobelpreis. Mit 50 Jahren meldete Nernst sich freiwillig als Fahrer an der deutschen Front. Vor seiner Frau übte er seinen Marschierstil und den militärischen Gruß. Als Habers akademischer Konkurrent arbeitete er an Tränengas und anderen nicht tödlichen Chemikalien, mit denen Soldaten aus Schützengräben getrieben wurden. Die Armee bevorzugte jedoch Habers bei Weitem tödlichere Substanzen, und als diese Entscheidung gefallen war, arbeitete auch Nernst an der Entwicklung von Giftgas mit.

geträumt, dass ihr Papa kommt. Er erzählte seinem Vater, wie gut er in Mathematik war und dass die Mutter ihm in einem Heft Aufgaben notierte. Er schlug vor, sein Vater könne doch das Gleiche tun.

Da der Krieg das Reisen erschwerte, war es Einstein nicht möglich, an Ostern in die Schweiz zu fahren, und er kam erst Anfang September. Marić hoffte noch immer, dass sie und Einstein wieder zusammenfänden, und sie bat ihn, bei ihr und den Kindern zu wohnen. Danach war ihm jedoch nicht zumute. Er verbrachte die meiste Zeit mit Freunden und sah seine Söhne in den drei Wochen, die er in der Schweiz verbrachte, nur zwei Mal. In einem Brief an Elsa gab er die Schuld daran Mileva, die seiner Meinung nach fürchtete, die Jungen könnten zu abhängig von ihm werden.

Später in diesem Herbst, in den schwierigen Wochen im November 1915, als er mit Hilbert im Wettstreit um die Fertigstellung der Feldgleichungen für die allgemeine Relativitätstheorie lag, erzählte sein Sohn Hans Albert einem Freund der Familie von seinem Wunsch, Weihnachten mit seinem Vater zu verbringen. Doch zur selben Zeit schrieb er diesem einen unwirschen Brief, in dem er ihn bat, nie wieder in die Schweiz zu kommen. Diese ambivalenten Gefühle für seinen Vater, der schließlich seine Familie verlassen hatte, überraschen wohl keinen.

Einstein, der bezüglich wissenschaftlicher Probleme so geduldig und hartnäckig war, weigerte sich indes, sich Zeit für persönliche Schwierigkeiten zu nehmen. Er unterrichtete Hans Albert davon, dass er nach alldem nicht mehr in die Schweiz kommen würde. Als Hans

Albert ihn in einem Brief bat, sich finanziell an einem 70 Franken teuren Paar Skiern zu beteiligen, das die Mutter für ihn als Weihnachtsgeschenk gekauft hatte, war Einstein sehr erbost. Er antwortete, er würde ihm Bargeld als Geschenk schicken, dass sie sich aber solche Extravaganzen eigentlich nicht leisten könnten.

Marić versuchte, mit einem freundlichen Brief zu vermitteln, und Einstein beschloss, doch an Weihnachten nach Zürich zu reisen. Es sollte jedoch anders kommen. Durch die Arbeit an der allgemeinen Relativitätstheorie war er wohl tatsächlich erschöpft, und der Krieg erschwerte das Reisen ins Ausland nach wie vor. Am 23. Dezember, als er eigentlich in die Schweiz fahren wollte, schrieb er Hans Albert, es sei ihm unmöglich zu kommen. Er rechtfertigte seinen Gesinnungswandel mit den Unwägbarkeiten eines Grenzübertritts in Kriegszeiten und der Anstrengung bei seiner wissenschaftlichen Arbeit.

Einstein verbrachte Weihnachten allein in seiner Berliner Wohnung. Ein paar Zeichnungen, die Hans Albert ihm geschickt hatte, zogen seine Aufmerksamkeit auf sich, und er schrieb ihm, wie sehr sie ihm gefielen. Er versprach, an Ostern zu kommen, und bat seinen Sohn, fleißig das Klavierspielen zu üben, damit sein Vater ihn dann mit der Geige begleiten könne.

UNTEN: *Deutsche Soldaten tauchen aus einer Giftgaswolke auf, mit der sie britische Schützengräben überzogen hatten. Fritz Haber spielte bei der Entwicklung von Chlorgas eine entscheidende Rolle.*

Wie er Hans Albert versprochen hatte, kam Einstein Anfang April 1916 für einen dreiwöchigen Osterurlaub nach Zürich. Er zog in ein Hotel beim Bahnhof. Zunächst lief alles gut. Seine Söhne schienen sich über seinen Besuch zu freuen, und Einstein nahm Hans Albert mit auf eine zehntägige Wandertour am Vierwaldstätter See. Doch schlechtes Wetter hielt sie dort im Hotel fest. Einstein schilderte Elsa in einem Brief, dass sie viel Spaß hätten, obwohl sie eingeschneit waren. Hans Alberts Fragen und seine Neugier freuten Einstein besonders. Doch bald wurde ihm die erzwungene Nähe langweilig, und er brach den Ausflug ab.

RECHTS: *Luzern, wie es ausgesehen haben könnte, als Einstein und Hans Albert es 1916 besuchten.*

Scheidung und zweite Ehe

Hans Albert bat ihn, Mileva, die ja noch immer seine Ehefrau war, wenigstens einen Höflichkeitsbesuch abzustatten. Doch Einstein war in seiner Weigerung, sie zu sehen, unerbittlich. Er stritt mit Hans Albert über dieses Thema, als der Zwölfjährige ihn eines Morgens im Züricher Physikinstitut besuchte, um bei einem Experiment zuzusehen. Hans Albert sagte, er käme am Nachmittag nicht wieder, um das Ende des Experiments zu sehen, wenn sein Vater nicht verspreche, Mileva zu besuchen. Doch der Vater blieb hart.

Einstein hatte nicht vor, die Scheidung von Mileva zu forcieren. Er wollte nicht wieder heiraten und fand seine Beziehung zu Elsa ohne längerfristige Verpflichtungen sehr angenehm. Elsa hingegen hielt an ihrem Beschluss fest, seine Frau zu werden, und bedrängte ihn. Schließlich begann Einstein in diesem Frühjahr des Jahres 1916, Mileva um die Scheidung zu bitten.

Sein Scheidungswunsch und die Weigerung, sie in Zürich zu besuchen, führten zu einer extremen Verschlechterung von Milevas körperlichem und emotionalem Zustand. Sie hatte mehrere Herzattacken, und die Ärzte rieten ihr, für längere Zeit das Bett zu hüten. Die Jungen wurden bei Freunden untergebracht.

Einstein hasste emotionale Probleme. Wann immer er mit einer persönlichen Krise konfrontiert wurde, zog er sich in die Wissenschaft zurück und mied die Konfrontation. Er beschloss also, Mileva vorerst nicht mehr um die Scheidung zu bitten. Das schien ihre Genesung vorangetrieben zu haben. Einem gemeinsamen Freund erzählte er, dass die Tatsache, dass er Marić in Ruhe ließ, ihre Sorgen bezüglich der Scheidungsverhandlungen beendete, und dass auch er jetzt wieder genügend Ruhe hätte, um sich seiner Wissenschaft zu widmen.

Kurz darauf wurde Einstein krank. Er zog ins gleiche Gebäude wie Elsa, damit sie sich um ihn kümmern konnte. Die Sache hatte allerdings einen Haken: Elsa wollte noch immer heiraten, und die neue Wohnsituation gab ihr mehr Einfluss. Es war unvermeidlich, dass Einstein erneut mit Mileva über eine Scheidung sprechen musste. Anfang 1918 schrieb er

UNTEN: *Eine Berliner Suppenküche im Ersten Weltkrieg. Einsteins Weigerung, an solche Plätze zu gehen und Essen zu holen, ließ ihn krank werden.*

Einstein erkrankt

Zuvor hatte immer Mileva eine angeschlagene Gesundheit gehabt, 1917 wurde Einstein selbst krank. Seine schlechten Essgewohnheiten, emotionales Chaos, die intensive Konzentration auf die Arbeit und die Einsamkeit in seiner Berliner Wohnung führten zu Bauchschmerzen, die als Magengeschwür diagnostiziert wurden. Es war nicht leicht, im Krieg an Essen zu kommen, und Einstein wollte nicht für seine Ration Schlange stehen. Im Frühsommer kam Elsa zu Hilfe. Sie verschaffte ihm in ihrem Haus eine Wohnung und kümmerte sich um ihn. Sie hatte genügend Geld und Erfindungsreichtum, um seine Lieblingsspeisen und Zigarren für ihn aufzutreiben.

Derartige kolossale Opfer würde ich natürlich nur im Falle freiwilliger Scheidung zu Lebzeiten bringen. Wenn Du in die Scheidung nicht einwilligst, geht von jetzt an kein Centime über 6000 Mark im Jahre in die Schweiz.

Nun ersuche ich Dich um Mitteilung, ob Du einverstanden und bereit bist, eine Scheidungsklage gegen mich einzureichen. Alles würde ich hier besorgen u. bezahlen und Niemand würde etwas davon erfahren, sodass Du keine Mühe hättest, das ganze Verfahren würde hier stattfinden.

Die Fremde erstatten mir regelmässig über Dein und der Kinder Ergehen Bericht; ich freue mich, dass Du nicht mehr an Fieber und Anfällen zu leiden hast. Alberts Briefe freuen mich ausserordentlich; ich sehe aus ihnen, wie gut sich der Junge an Geist und Charakter entwickelt. Hoffentlich ist Tete durch den langen Aufenthalt in der Gebirgsluft nicht zu empfindlich gegen Schädigungen durch die unreine Stadtluft geworden und kommt bald gekräftigt nachhaus.

Mit freundlichen Gruss, auch an Deine Schwester

Albert Einstein

Küsse an die Kinder.
Antwort bitte eingeschrieben.

L. Mileva!

Das Bestreben, endlich eine gewisse Ordnung in meine privaten Verhältnisse zu bringen, veranlasst mich, Dir zum zweiten Mal die Scheidung vorzuschlagen. Ich bin jetzt entschlossen alles zu thun, um diesen Schritt ermöglichen. Durch besonders weitgehendes entgegenkommen würde ich Dir soweit gehende Vorteile einräumen im Falle der Scheidung bedeutende pekuniäre Vorteile gewähren:

1) 9000 M statt 6000 M mit der Bestimmung dass 2000 davon in Zürich zu Gunsten der Kinder deponiert werden.

2) Der Nobelpreis würde Dir – im Falle der Scheidung und für den Fall, dass ich ihn erhalte – a priori abgetreten. In diesem Falle würde Dir die freie Verfügung über die Zinsen überlassen. das Kapital würde allerdings unantastbar gemacht und für die Kinder in Sicherheit gestellt. Meine sub 1) genannten Zahlungen würden dann wegfallen und durch eine solche jährliche Zahlung ersetzt, dass sie zusammen mit jenen Zinsen 8000 M ausmachen. in diesem Falle hättest Du für den Unterhalt 8000 M ohne Verpflichtung, irgend etwas zurückzulegen.

3) Die Wittwen – Pension würde Dir gesichert.

ihr, er wollte »endlich eine gewisse Ordnung in meine privaten Verhältnisse bringen« und bat sie deshalb zum zweiten Mal um die Scheidung.

Er erhöhte die Summe, die er ihr monatlich zahlen würde, und fügte einen erstaunlichen neuen Anreiz hinzu. Inzwischen waren seit seinen bahnbrechenden Schriften 13 Jahre vergangen, doch das Nobelpreiskomitee hatte immer wieder Gründe gefunden, ihn nicht auszuzeichnen. Aber er war überzeugt, dass er bald den Preis erhalten würde, und machte Mileva den Vorschlag, ihr das gesamte Preisgeld zu überlassen, wenn sie in die Scheidung einwilligte.

Das war eine gewaltige Summe, 35-mal mehr, als Mileva bislang jährlich von ihm an Unterhalt erhielt. Das Angebot stellte in gewisser Weise eine verspätete Wiedergutmachung dar; schließlich hatte Mileva Einstein bei seinen »Wunderjahr«-Schriften geholfen.

Zuerst reagierte sie aufgebracht. Genau zwei Jahre zuvor hätten solche Briefe sie ins Elend gestürzt, und jetzt fragte sie, warum er sie so quälte. Nachdem sie jedoch mit kühlerem Kopf über sein Angebot nachgedacht hatte, antwortete sie ruhiger. Sie war kränklich, depressiv und machte sich Sorgen um die Finanzen. Dass sie ihren Mann zurückgewinnen könnte, war mehr als unwahrscheinlich. Und ihre Wissenschaftlerfreunde hielten es für gut möglich, dass er tatsächlich bald den Nobelpreis bekäme. Sein Vorschlag könnte also ihre Kämpfe und ihre Geldnot tatsächlich beenden. Sie beschloss, darauf einzugehen.

Als sie die Details besprachen und die nötigen Papiere einreichten, drückten beide ihre Erleichterung aus, dass die Dinge nun bald geregelt seien. Ihre Gesundheit verbesserte sich, die Kinder kamen wieder zu

ihr, und die Korrespondenz zwischen Einstein und ihr hatte nicht mehr einen solchen bitteren Unterton. Im Dezember 1918, kurz nach dem Ende des Ersten Weltkriegs, erreichten Einsteins Scheidungsformalitäten ihren Höhepunkt. Er musste offiziell zugeben, Mileva während der Ehe betrogen zu haben. So erschien er vor einem Richter in Berlin und erklärte, dass er mit seiner Cousine Elsa Einstein zusammenlebte.

Sobald es möglich war – am 2. Juni 1919, davor war es laut Scheidungsurteil untersagt –, heiratete Einstein Elsa. Überraschenderweise schien das jedermann zu erleichtern, sogar Mileva. Einstein besuchte seine Söhne in Zürich und übernachtete in der Wohnung seiner Ex-Frau. Elsa war darüber nicht eben glücklich, doch Einstein beruhigte sie: Ihre einstige Rivalin sei die meiste Zeit nicht zu Hause, und es gebe kaum Gelegenheit, ihre *bête noire*, ihren Dorn im Auge, zu treffen. Mit Hans Albert versuchte Einstein, die verlorene Zeit wiedergutzumachen. Sie gingen segeln, hörten zusammen Musik und bauten ein Modellflugzeug. Einstein schrieb Elsa, wie sehr ihm Hans Alberts Eifer und Genauigkeit gefielen. Besonders das virtuose Klavierspiel seines älteren Sohnes freute ihn.

Elsas neue Rolle in Einsteins Leben war keine leichte. Die Relativitätstheorie zu verstehen war ebenso eine Herausforderung wie für Einstein gut gelaunt die Rolle der Ehefrau und Mutter zu spielen, die er beide brauchte. Ihr immer komplexer werdendes Leben zu managen – ihn im Ruhm baden zu lassen und ihn vor Anforderungen abzuschirmen – war ein schwieriges Unterfangen, das sie jedoch mit gesundem Menschenverstand und Gefühlswärme meisterte. Sie hatte eine ungekünstelte Art und einen selbstbewussten Humor und half damit ihrem Gatten, diese Eigenschaften in sich selbst wiederzuentdecken.

Ihre Beziehung hatte etwas Symbiotisches, die Bedürfnisse beider Partner wurden zufriedengestellt. Elsa wollte ihm vor allem zu Diensten sein und ihn beschützen, und er wollte bedient und beschützt werden.

Sie genoss seine Berühmtheit und war für alles aufgeschlossen, was damit einherging, während er sich schüchterner gab. Sie fand den gehobenen sozialen Status, den seine wachsende Bekanntheit mit sich brachte, ausgesprochen reizvoll.

In Einsteins regelmäßigen Phasen intensiver wissenschaftlicher Aktivität kochte Elsa ihm sein Lieblingsgericht – Linsensuppe mit Würstchen – und rief ihn zum Essen. Doch er wollte lieber alleine essen. Er war so von seinen Gedanken beansprucht, dass die Nahrungsaufnahme für ihn eine rein mechanische Angelegenheit war. Elsa packte für ihn den Koffer, wenn er wieder einmal auf Vortragsreise ging, und stellte sicher, dass er genügend Geld mitnahm. In der Öffentlichkeit sprach sie voller Respekt von ihm, »dem Professor« oder einfach »Einstein«. Den Freiraum, den sie um ihn herum schuf, erlaubte es ihm, von der Außenwelt ungestört die Geheimnisse des Kosmos zu enträtseln. Daraus schöpfte Elsa ihre Zufriedenheit.

Elsa als Ehefrau

Einsteins zweite Ehe war völlig anders als die erste. Sie war nicht romantisch. Das Paar schlief in seiner Wohnung in verschiedenen Zimmern. Es gab keine emotionale oder intellektuelle Leidenschaft wie zu Anfang mit Mileva. Während diese sich grämte, weil sie keine Chance als Wissenschaftlerin bekommen hatte, spaßte Elsa, sie sei genau das Gegenteil. Die Relativität zu verstehen, sagte sie, sei für ihr Glück nicht notwendig. Doch sie hatte, anders als ihr frisch angetrauter Gatte, praktische Talente, weshalb sie sich gut ergänzten. Sie konnte einen Haushalt führen, hatte logistisches Geschick und übersetzte für ihn englische und französische Texte. Sie gab zu, für nichts besonders begabt zu sein, »außer vielleicht als Ehefrau und Mutter«. Und ihr mathematisches Interesse beschränke sich auf Haushaltsrechnungen.

Für viele Deutsche waren Pazifisten, Internationalisten und Juden an der sich abzeichnenden Niederlage Deutschlands im Ersten Weltkrieg schuld. Auf Einstein trafen alle drei Kriterien zu. Seine »jüdische Physik« wurde als zu theoretisch kritisiert, als zu wenig in der beobachtbaren Welt verhaftet.

Diese Kritik ließ sich am besten mit einem Experiment widerlegen, anhand dessen Einsteins Theorien empirisch überprüft werden konnten. Die allgemeine Relativität ließ sich in einem faszinierenden Versuch nachweisen, der die Welt kurz von

LINKS: *Das Sternbild des Stiers. 1919 lief die Sonnenfinsternis durch den Sternhaufen der Hyaden.*

Die Sonnenfinsternis

den Schrecken des Krieges ablenken konnte. Er basierte auf dem einfachen Prinzip, das auch die breite Öffentlichkeit verstand: Die Schwerkraft lenkt einen Lichtstrahl ab. Einstein hatte berechnet, wie stark das Licht von einem entfernten Stern durch das Gravitationsfeld der Sonne gekrümmt werden würde.

1916 rief Einstein die Wissenschaft dazu auf, seine Theorie zu überprüfen. Nach seinen Berechnungen würde die Schwerkraft der Sonne das Licht der Sterne um 1,7 Bogensekunden ablenken. Die Astronomen sollten diese Behauptung durch Beobachtungen beweisen oder widerlegen. Dazu war jedoch eine totale Sonnenfinsternis vonnöten, damit die Sonne das Licht der Sterne nicht überdeckte und

Sir Arthur Eddington (1882–1944)

Arthur Eddington, Sohn einer traditionellen nordenglischen Quäkerfamilie und einer der führenden theoretischen Physiker und Astrophysiker Großbritanniens, unterstützte schon früh Einsteins Theorien. Nach dem Studienabschluss in Cambridge wurde er 1906 leitender Mitarbeiter bei Frank Dyson, dem »Royal Astronomer« am Greenwich Observatory. 1913 kehrte er als Astronomieprofessor und Direktor des Observatoriums nach Cambridge zurück. In dieser Position plante er den Versuch zur Sonnenfinsternis von 1919 und begleitete die Expedition. Danach widmete er seine Arbeit vor allem der Suche nach einer Metatheorie, die die Lehren zur Relativität, Quantenmechanik und Gravitation vereinigt. Auch wenn er daran scheiterte und seine »fundamental theory« erst posthum 1946 erschien, so inspirierte er mit seinen Forschungen doch Generationen von Wissenschaftlern bei ihrer Suche nach einer umfassenden Theorie.

CRUSHING ARMISTICE TERMS: GERMAN NAVY RESISTS

DAILY SKETCH.

No. 3,019. | Telephones: { London—Holborn 6512. Manchester—City 6501. } | LONDON, TUESDAY, NOVEMBER 12, 1918. | [Registered as a newspaper.] | ONE PENNY.

THE KING AND HIS PEOPLE HAIL VICTORY DAY.

Die britische Tageszeitung Daily Sketch verkündet das Ende des Ersten Weltkriegs. Dank des Waffenstillstands konnte Eddington Einsteins Theorie während der Sonnenfinsternis von 1919 überprüfen.

Victory Day! A glorious day in British annals, hailed with a joy and pride and thankfulness transcending any within living memory. At Buckingham Palace there was a remarkable demonstration, recalling the memorable moment on the eve of the war pictured on Page 5, as the King, in Admiral's uniform, with the Queen and Princess Mary beside him, stepped on to the balcony and saluted the cheering multitude. "With you," said His Majesty, "I rejoice and thank God for the victories which the Allied Armies have won and brought hostilities to an end and peace within sight." And the cheers that rolled through London were echoed in the furthermost posts of Empire.

RECHTS: *Eine der vielen Fotografien von Eddington, die Einsteins Theorie zur allgemeinen Relativität bestätigten.*

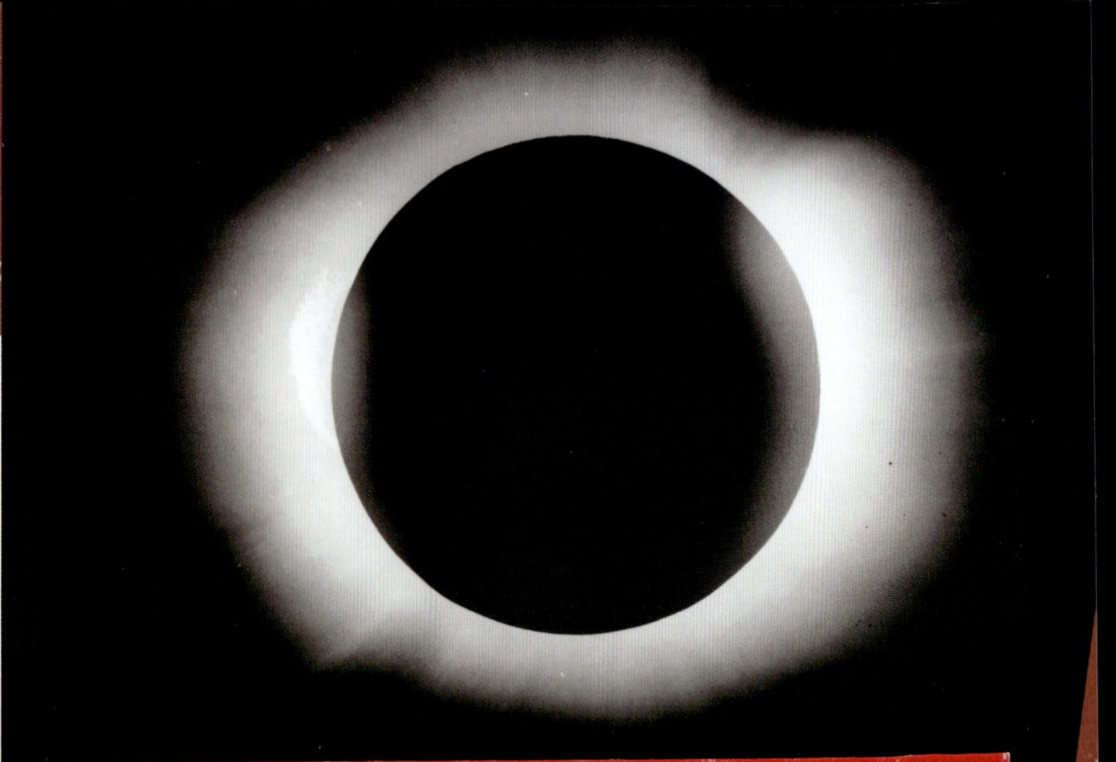

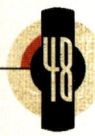

diese fotografiert werden konnten. Solche Sonnenfinsternisse kommen relativ häufig auch an Orten vor, die sich damals zur Durchführung dieses Versuchs eigneten.

Noch während des Ersten Weltkriegs beschloss Sir Arthur Eddington, Direktor des Cambridge Observatory, sich dieser Herausforderung zu stellen. Um seine Kriegsdienstverweigerung zu rechtfertigen, nahm sich der englische Quäker und Pazifist vor, die Theorie eines deutsch-jüdischen Pazifisten und so den Triumph der Wissenschaft über die Politik zu beweisen.

Die nächste Möglichkeit dazu würde sich im Mai 1919 bieten. Wenn dann die Sonne in den Hyaden, einem Sternhaufen nahe der Mitte des Sternbildes Stier, stand, würde sich eine totale Sonnenfinsternis für einen schmalen Streifen nahe dem Äquator von Brasilien über den Atlantik bis zur ostafrikanischen Küste ergeben. Doch als Eddington 1918 seine Forschungsreise plante, patrouillierten dort noch deutsche U-Boote, deren Kapitäne sich mehr für die Flugbahn ihrer Torpedos als für die gravitative Ablenkung des Lichts interessierten.

Zu Eddingtons Glück war der Krieg bereits beendet, als seine zwei Teams im Februar 1919 in Liverpool ablegten. Eine Gruppe fuhr nach Sobral in Nordbrasilien, die zweite mit Eddington zur winzigen Insel Príncipe, einer portugiesischen Kolonie im Atlantik vor der

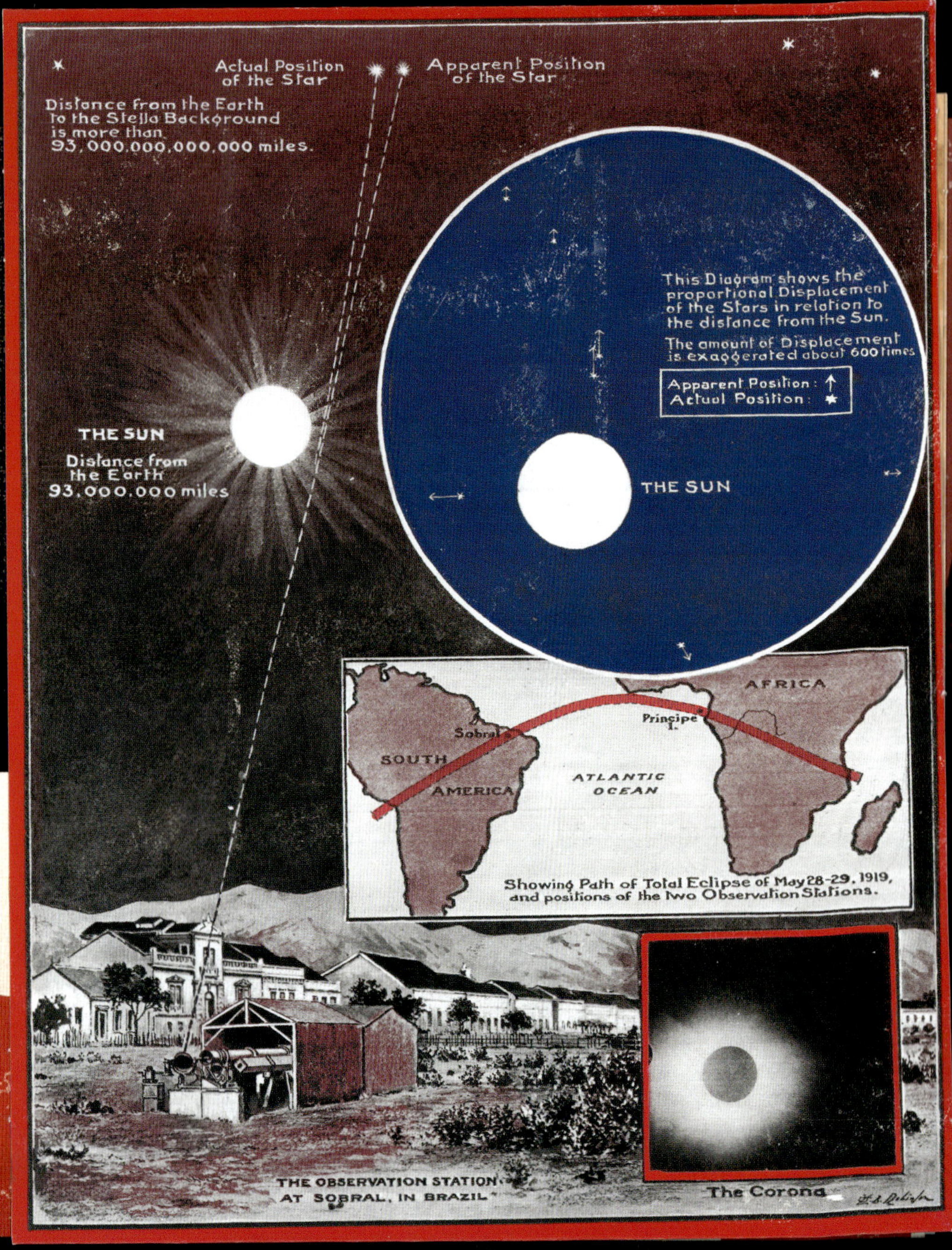

RECHTS: *Mit diesem Schaubild versuchte die* Illustrated London News *am 22. November 1919 Einsteins Theorie anhand der Fotos von der Sonnenfinsternis zu erklären.*

FAKSIMILE:
Mit diesem Telegramm teilte Lorentz Einstein mit, dass dessen Theorie über die Ablenkung des Lichts durch die Sonne bestätigt worden war – die allgemeine Relativität war bewiesen.

Küste Afrikas. Von beiden Orten mussten die fotografischen Platten mit dem Schiff nach England zurückgesandt und dort entwickelt, ausgewertet und miteinander verglichen werden. Der ganze Vorgang zog sich bis September hin. In dieser Zeit warteten die Wissenschaftler in Europa ungeduldig auf das Ergebnis.

In Berlin gab sich Einstein nach außen hin zuversichtlich, doch auch er konnte seine Ungeduld nicht verstecken. In einem Brief an einen Freund in Holland erkundigte er sich scheinbar beiläufig, ob dieser bereits etwas über die Beobachtungen der Sonnenfinsternis erfahren hätte. Im September erhielt er endlich einen vorläufigen Bericht. In einem Telegramm an Einstein fasste Hendrik Lorentz zusammen, was ihm ein Kollege, der mit Eddington gesprochen hatte, mitgeteilt hatte. Es gab erste Hinweise darauf, dass Einstein recht hatte.

Die Doktorandin Ilse Schneider traf Einstein, kurz nachdem ihn Lorentz' Nachricht erreicht hatte. »Plötzlich unterbrach er die Besprechung«, beschrieb sie seine Reaktion. Einstein griff zum Fensterbrett, wo das Telegramm lag und eröffnete ihr beiläufig, dass der Inhalt für sie von einigem Interesse sein könnte.

Ilse Schneider war begeistert, doch Einstein blieb ganz ruhig – seiner Aussage zufolge hatte er immer an seine Theorie und ihre Bestätigung geglaubt. Als ihn Schneider fragte, was er getan hätte, wenn seine Theorie nicht durch den Versuch bewiesen worden wäre, antwortete er kurz, dass Gott ihm dann leid getan hätte, denn seine Theorie sei korrekt. Bei der offiziellen Bekanntgabe der Ergebnisse im November war man sich

OBEN: *Die Fotografie aus den 1920er-Jahren zeigt Einstein, Paul Ehrenfest und Willem de Sitter, vorne sitzen Eddington und Lorentz.*

weithin darüber einig, dass die Theorie ein Meilenstein war, auch wenn sie den meisten Menschen mehr als rätselhaft erschien. Als Eddington Einsteins Theorie als richtig bestätigte, meinte ein Zuhörer, dass der weitverbreiteten Meinung zufolge nur drei Wissenschaftler auf der ganzen Welt die allgemeine Relativitätstheorie verstünden. Eddington gälte als eine dieser drei sagenhaften Personen.

Eddington sagte dazu erst einmal nichts. »Seien Sie nicht so bescheiden, Eddington!«, drang daraufhin der Zuhörer auf ihn ein. »Ganz im Gegenteil«, antwortete der wortkarge Quäker. »Ich frage mich nur, wer der Dritte sein soll.«

Rätselhaft oder nicht, die Relativitätstheorie beflügelte die Fantasie einer Welt, die sich nach Beweisen für die positiven Seiten des menschlichen Strebens nach Fortschritt sehnte. Die *Times of London* titelte ihren Artikel mit der folgenden dramatischen Überschrift:

LINKS: *Während Einstein die Wissenschaft zum Umdenken zwang, veränderten zur gleichen Zeit Künstler wie Pablo Picasso durch ihre Kunst Wahrnehmung und Sehgewohnheiten der Menschen.*

REVOLUTION IN DER WISSENSCHAFT
Neue Theorie des Universums
NEWTONSCHE VORSTELLUNGEN VERWORFEN

»Die Vorstellung der Wissenschaft über den Aufbau des Universums muss sich ändern«, schrieb die *Times*. Die durch die Messungen bei der Sonnenfinsternis glanzvoll bestätigte Relativitätstheorie erfordere »ein neues Denkmodell über das Universum, das fast alle bisher gültigen Vorstellungen über den Haufen wirft.«

Die *New York Times* brachte die Story nach zwei Tagen. Da sie keinen Wissenschaftsjournalisten in London postiert hatte, schickte sie den Golf-Korrespondenten Henry Crouch. Die Schlagzeile des Artikels wurde zu einem Klassiker der Zeitungsgeschichte:

Lichter im Himmel sind verrutscht
Wissenschaftler mehr oder minder aufgeregt über die Ergebnisse der Beobachtung der Sonnenfinsternis
EINSTEINS THEORIE TRIUMPHIERT
Sterne sind nicht dort, wo sie zu sein scheinen oder wo man sie errechnet hatte
Aber kein Grund zur Sorge

In der Ideengeschichte der Menschheit gab es immer wieder entscheidende Momente, in denen sich die Sichtweise der Menschheit grundlegend veränderte. Dazu gehört etwa die Aufklärung mit ihrem tief greifenden Wandel in Kunst, Philosophie und Politik. Ihre Ideen wurden von Isaac Newtons Lehren über ein mechanisches Universum mit unerschütterlichen Sicherheiten und universellen Gesetzen bestimmt. In das Feld der Politik und Philosophie übertragen, ergab sich aus diesen Ideen eine Sichtweise der Welt, die auf das Engste mit dem Primat von Ursache und Wirkung, von Ordnung und sogar von Pflichten verbunden war.

OBEN: *1918 veröffentlichte Marcel Proust einen weiteren Band seines bemerkenswerten Hauptwerkes Auf der Suche nach der verlorenen Zeit, in dem er sich mit den Themen Zeit, Raum und Erinnerung beschäftigte.*

»Die Vorstellung der Wissenschaft über den Aufbau des Universums muss sich ändern ... [die Theorie der Relativität] erfordert ein neues Denkmodell über das Universum, das fast alle bisher gültigen Vorstellungen über den Haufen wirft.«
— ***The Times*, London**

RECHTS: *Der russisch-amerikanische Komponist Igor Strawinsky war ein Zeitgenosse Einsteins. Strawinsky galt wegen seiner technischen und kreativen Innovationen als musikalischer Revolutionär.*

Nun, drei Jahrhunderte später, brach sich eine neue Sicht auf das Universum – die Relativität – Bahn in das philosophische und politische Bewusstsein. Zeit und Raum galten nicht mehr als absolut, Sicherheiten schienen sich aufzulösen. Für manche roch dieser Verlust des Glaubens an das Absolute nach Ketzerei oder sogar Atheismus. In *Modern Times*, seiner Geschichte des 20. Jahrhunderts, beschrieb Paul Johnson Einsteins Relativitätstheorie als »ein Messer, mit dem die Gesellschaft aus ihrer traditionellen Verankerung geschnitten werden konnte«. Als lange vertretene Überzeugungen erschüttert und geliebte Wahrheiten als falsch entlarvt wurden, entwickelte sich die Bewegung der Moderne. Doch nicht nur in der Wissenschaft lösten sich die Zwänge der klassischen Gedankenwelt auf. In fast allen Kulturbereichen riss eine Flut von Erneuerern das Alte mit sich fort – Pablo Picasso, Henri Matisse, Igor Strawinsky, Arnold Schönberg, James Joyce, T. S. Eliot, Marcel Proust, Sergei Djagilew, Sigmund Freud, Ludwig Wittgenstein und viele andere.

Einstein wurde jedoch falsch verstanden: Seine Relativitätstheorie darf nicht mit Relativismus, besonders moralischem Relativismus, verwechselt werden. Doch genau dies geschah. Die aufstrebende Moderne führte bald zu einigen beunruhigenden Entwicklungen, die vor allem im Deutschland der 1920er-Jahre zu Verunsicherung führten.

RECHTS: *Burlington House im Jahr 1925. Sechs Jahre zuvor wurden hier die Ergebnisse des Sonnenfinsternisexperiments offiziell verkündet.*

Bekanntgabe in Burlington House

Die offizielle Bekanntgabe der Expeditionsergebnisse erfolgte am 6. November 1919. Die Mitglieder der illustren Royal Society, der angesehensten wissenschaftlichen Institution Großbritanniens, versammelten sich zu diesem historischen Ereignis in Burlington House. »Nach sorgfältiger Auswertung der Platten darf ich Ihnen mitteilen, dass sie ohne irgendeinen Zweifel Einsteins Vorhersagen bestätigen«, verkündete Royal Astronomer Sir Frank Dyson. Der Präsident der Royal Society, J. J. Thomson, bestimmte mit seiner Erklärung den Ton der Reaktion: »Seit der Formulierung der Newtonschen Gesetze ist dies die größte Entdeckung im Zusammenhang mit der Schwerkraft.« Einstein feierte den Erfolg währenddessen in Berlin mit dem Kauf einer neuen Violine.

RECHTS: *Der deutsche Autor, Politiker und Zionist Kurt Blumenfeld.*

Einstein in Amerika

Einsteins Ruhm als Wissenschaftler und sein aufkeimender Zionismus führten im Frühjahr 1921 zu einem einzigartigen Ereignis in der Geschichte der Wissenschaft: Auf seiner wissenschaftlichen Rundreise durch die USA wurde er geradezu ekstatisch empfangen und wie ein Rockstar gefeiert. Er war der prominenteste Wissenschaftler aller Zeiten. Sein leidenschaftliches Eintreten für humanistische Werte sowie sein Engagement für die Juden mehrten seinen Ruhm noch.

Am Anfang stand ein Telegramm des Präsidenten der Zionistischen Weltorganisation, Chaim Weizmann, das der führende deutsche Zionist Kurt Blumenfeld an Einstein weitergab. Weizmann schlug Einstein vor, ihn auf eine Sammelaktion in die USA für die Juden, die in Palästina siedeln wollten, zu begleiten und ihn bei der Gründung der Hebräischen Universität von Jerusalem zu unterstützen. Einstein lehnte ab, da er kein Redner sei. Er hielt es für keine gute Idee, seinen Ruhm für die Aktion auszunutzen.

Blumenfeld reagierte darauf, indem er Weizmanns Telegramm noch einmal vorlas. »Er ist der Präsident unserer Organisation, und wenn Sie es mit dem Zionismus ernst meinen, dann

> »Wenn Sie es mit dem Zionismus ernst meinen, dann habe ich das Recht, Sie in Dr. Weizmanns Namen zu bitten, mit ihm in die USA zu fahren.« — **Kurt Blumenfeld zu Einstein**

habe ich das Recht, Sie in Dr. Weizmanns Namen zu bitten, mit ihm in die USA zu fahren.«

Einstein ließ sich überzeugen. Ob es ihm nun gefiel oder nicht: Sein Ansehen war mit dem Zionismus verbunden, und er nahm die Einladung an. Diese Entscheidung war ein Wendepunkt für ihn. Bis zu diesem Augenblick hatte sich Einstein fast völlig der Wissenschaft gewidmet, auch wenn sein Privat- und Familienleben darunter gelitten hatte. Doch je länger er in Deutschland lebte, umso größere Bedeutung maß er seiner jüdischen Identität bei. Der Antisemitismus schürte seinen Impuls als rebellischer Außenseiter. Anstatt sich zu assimilieren oder sein Jüdischsein zu verbergen, hob er seine Verbundenheit mit dem Judentum und mit seinen »Stammesverwandten«, wie er sie nannte, hervor. In einem Briefwechsel mit einem Freund bemerkte er, dass er, was immer möglich sei, für andere Juden täte, die fast überall beschämend behandelt würden. So reisten die Einsteins im März 1921 nach

Chaim Weizmann (1874–1952)

Chaim Weizmann wurde im zaristischen Russland in dem Dorf Motol im heutigen Weißrussland geboren. 1897 zog er in die Schweiz, wo er in Chemie promovierte und von 1901 bis 1903 an der Universität Zürich lehrte. Weizmann engagierte sich in der zionistischen Bewegung und für die Gründung einer Hebräischen Universität. 1904 ging er nach England, um in Manchester zu lehren; 1905 wurde er dort Mitglied des General Zionist Council. Nach dem Ersten Weltkrieg spielte er eine tragende Rolle beim Entwurf der Balfour-Deklaration, die den Juden eine nationale Heimstätte in Palästina versprach. Als Einstein ihn auf seiner US-Reise begleitete, war Weizmann Präsident der Zionistischen Weltorganisation. Von 1949 bis zu seinem Tod 1952 war er der erste Präsident des Staates Israel.

Kopf-u. Handarbeiter wählt:

Völkischen Block

Antisemitismus sei. Zu den Willkommensfeiern gehörten auch ein Spielmannszug der Jüdischen Legion und eine Fahrt im offenen Wagen in einer Autokolonne durch die jubelnde Menschenmenge in den jüdischen Vierteln der Lower East Side. Einige Tage später fand in der City Hall ein offizieller Empfang für Einstein und Weizmann statt. 10 000 Zuhörer drängten sich in den Grünanlagen, um den Reden zu lauschen. »Als Dr. Einstein ging«, so die *New York Evening Post*, »trugen ihn seine Kollegen auf ihren Schultern zum Wagen, der in einem triumphalen Umzug durch ein Meer aus wogenden Fähnchen und tosenden Jubelrufen fuhr.«

Wo immer er in Manhattan erschien, füllte Einstein die Häuser, obwohl er auf Deutsch über komplexe Physik referierte oder nur still lächelnd daneben stand, wenn Weizmann versuchte, das Publikum zu Spenden für die jüdischen Siedlungen in Palästina zu bewegen.

LINKS: *Ein antisemitisches Propagandaplakat des »Völkischen Blocks« zur Reichstagswahl von 1924.*

UNTEN: *Einstein beim Verlassen der »SS Rotterdam« auf seiner ersten Amerikareise im April 1921.*

Amerika. Während der Überfahrt versuchte Einstein, Weizmann die Relativitätstheorie zu erklären. Als Reporter Weizmann in New York fragten, ob er sie verstanden hätte, antwortete er: »Während der Überfahrt erklärte mir Einstein die Theorie jeden Tag. Als wir hier ankamen, war ich völlig davon überzeugt, dass er sie wirklich verstanden hat.«

Dann wandte sich ein Reporter an Einstein und bat um eine Zusammenfassung seiner Theorie in einem einzigen Satz. Einstein witzelte, er hätte sein ganzes Leben daran gearbeitet, sie in ein einziges Buch zu zwängen, und nun verlange man das in einem Satz. Als er weiter gedrängt wurde, antwortete er mit einer verbindlichen einfachen Zusammenfassung: Er

arbeite an einer physikalischen Sicht von Raum und Zeit und am Ende stehe eine Theorie der Schwerkraft.

Die weiteren Fragen drehten sich um seine Gegner, besonders in Deutschland, und ihre Kritik an seiner Theorie. Einstein antwortete, dass die einzigen Physiker, die die Relativitätstheorie anzweifelten, dies aus politischen Gründen täten. Niemand, der die Materie verstehen würde, würde eine solche Meinung vertreten. Was solche politischen Gründe wären, wollten die Reporter wissen. Die Antwort lautete kurz und knapp, dass das politische Motiv

»Vom Orchestergraben bis zur letzten Reihe unter dem Dach war jeder Sitz im Metropolitan Opera House besetzt, und Hunderte standen«, berichtete die *New York Times*. Der Tumult in New York dauerte über drei Wochen.

Danach besuchte Einstein Washington, wo er Präsident Warren Harding traf. Bei einem Festessen in der National Academy of Sciences schloss sich eine schier endlose Reihe von Vorträgen an. Als sich ein Professor aus North Carolina über seine Forschung über Hakenwürmer erging, wandte sich Einstein an den holländischen Diplomaten neben ihm und erklärte, dass ihm das Redetalent seines anderen Nachbarn gerade eine völlig neue Theorie über die Ewigkeit eröffne.

In Princeton hielt Einstein einige wissenschaftliche Vorlesungen und bekam die Ehrendoktorwürde »für das Reisen durch unbekannte Gedankenmeere« verliehen. Einstein behandelte seine Zuhörer ohne Gnade: Nicht weniger als 125 komplexe Gleichungen kritzelte er an die Tafel, dazu dozierte er auf Deutsch. »Ich saß zwar in der Galerie, aber was er sagte, ging ohnehin weit über meinen Verstand hinaus«, beschrieb ein Student aus dem Publikum einem Reporter das Erlebte.

Ein denkwürdiger Kommentar, den Einstein nach einer der Vorlesungen auf einem Fest zu seinen Ehren abgab, lässt sein amüsiertes Selbstvertrauen erahnen. In höchster Erregung erzählte ihm ein Anwesender von einer Reihe soeben durchgeführter Experimente, die beweisen würden, dass es den allgegenwärtigen Äther tatsächlich gebe und Einsteins Theorie von der konstanten Lichtgeschwindigkeit deshalb falsch sein müsse. Einstein glaubte dies nicht. Von seiner Theorie absolut überzeugt, erwiderte er gelassen, Gott sei vielleicht raffiniert, aber ganz gewiss nicht böswillig. Seine Worte wurden später in die Einfassung des Kamins eingraviert, neben dem er gestanden hatte.

Harvard hatte Einstein eingeladen, ihn jedoch nicht um Vorlesungen gebeten. Viele sahen darin eine leichte Brüskierung, die den Einfluss von Größen wie Louis Brandeis und Felix Frankfurter in Harvard zeigte. Als bewusst assimilierte Juden standen sie dem kämpferischen Zionismus, den Einstein und Weizmann repräsentierten, distanziert gegenüber. Einstein neigte dazu, Juden, die sich um jeden Preis assimilieren wollten, amüsiert und etwas geringschätzig zu betrachten. In einem Brief aus Harvard an einen Freund in Deutschland bemerkte er über Brandeis' Einstellung, dass es ein großer Fehler der Juden sei, sich bei Nichtjuden anzubiedern.

Boston war der geeignete Ort, um über Methoden und Ziele von Bildung zu diskutieren. Einstein konnte seine Meinung dazu äußern, als er mit einem beliebten Zeitvertreib, dem »Edison-Test«, konfrontiert wurde. Der Erfinder Thomas Edison war ein Mann der Praxis und hielt die Lehre an den US-Colleges für zu theoretisch – sie sollten sich lieber auf die Vermittlung von Fakten konzentrieren. Bei Einsteins Besuch war Edison 74 Jahre alt und wurde zunehmend verschrobener. Für Stellenbewerber hatte er einen Test entwickelt, den er der jeweiligen Stelle entsprechend immer leicht abwandelte. Der Test enthielt rund 150 teils knifflige Fragen, etwa: Wie wird Leder gegerbt?

OBEN: *Von links: Chaim Weizmann, New Yorks Bürgermeister John F. Hylan und Einstein bei einer Parade in New York.*

Senatsdebatte zu Einsteins Theorie

Während Einsteins Besuch in den USA debattierte der Senat über die allgemeine Relativitätstheorie, die für die meisten dieser Laien unverstehbar war. Entschiedene Gegner waren der Republikaner Boies Penrose aus Pennsylvania, demzufolge »für einen Schurken ein Staatsamt die letzte Zuflucht« sei, und der Demokrat J. S. Williams, der ein Jahr später bei seinem Ausscheiden meinte: »Lieber wäre ich ein Hund, der den Mond anbellt, als noch einmal sechs Jahre im Senat.« Auch Einsteins Unterstützer in Washington waren sich nicht einig. Der New Yorker Kongressabgeordnete J. J. Kindred plädierte für eine Darstellung der Theorie im Congressional Record.

LINKS: *Boies Penrose gehörte zu den Senatoren, die die allgemeine Relativität debattierten.*

54

Welches Land verbraucht den meisten Tee? Woraus bestand Gutenbergs Drucktype?

Einstein wurde fast zwangsläufig mit der »omnipräsenten Edison-Fragebogen-Kontroverse«, wie es die *New York Times* nannte, konfrontiert. Bei einer öffentlichen Veranstaltung stellte ihm ein Reporter eine Frage aus dem Test: »Was ist die Geschwindigkeit des Schalls?«. Einstein kannte sich über die Ausbreitung von Schallwellen natürlich hervorragend aus, musste aber zugeben, dass er solche Fakten nicht parat hatte, konnte er sie doch schnell in einem Buch nachschlagen. Seine Antwort nutzte er zu einer allgemeineren Attacke auf Edisons Vorschläge. In der Ausbildung, erklärte er, sollten Studenten lieber das Denken lernen, als ihre Köpfe mit auswendig gelernten Fakten zu überladen.

Die meiste Zeit seines Aufenthalts in Boston nutzte Einstein, um zusammen mit Weizmann für die Unterstützung der zionistischen Sache zu werben. Der *Boston Herald* berichtete über eine Veranstaltung in der Synagoge von Roxbury:

> »Das Echo war überwältigend. Junge Helferinnen arbeiteten sich mit großen Behältern mühsam durch die überfüllten Gänge. Geldscheine jeder Größe regneten in diese Behälter. Eine prominente Jüdin rief begeistert, dass sie acht Söhne habe, die in der Armee seien, ihre Spende solle der Größe ihrer Opfer entsprechen. Sie hielt ihre Uhr hoch [...] und streifte ihre Ringe von den Händen. Andere folgten ihrem Beispiel, und schnell waren die Körbe und Schachteln mit Diamanten und anderem kostbaren Schmuck gefüllt.«

Mit unserer heutigen verzerrten Vorstellung über Prominenz liest man erstaunt von den riesigen Umzügen, mit denen Einstein auf jeder Station seiner großen Amerikareise empfangen wurde. In Hartford, Connecticut, fuhr er in einer Kolonne aus über hundert Autos, der eine Musikkapelle, eine Gruppe Kriegsveteranen und Flaggenträger mit US- und zionistischen Standarten vorausmarschierten. Der Umzug lockte über 15000 Zuschauer an. »Die North Main Street war von einer Menschenmenge verstopft, die darum kämpfte, näher heranzukommen, um die Hände zu schütteln«, schrieb eine Zeitung. »Die Menge jubelte, als Dr. Weizmann und Professor Einstein im Wagen aufstanden, um Blumen entgegenzunehmen.« Heute können wir uns einen solchen Empfang für einen theoretischen Physiker nicht vorstellen.

Einsteins Amerikareise und seine junge Verbindung mit dem Zionismus verdeutlichte den bedeutenden Wandel jüdischer Identität in Europa. An seinem letzten Tag in den USA erklärte Einstein in einem Interview, dass sich die deutschen Juden erst seit der letzten Generation langsam als Teil eines jüdischen Volkes sahen. Zuvor hatten sie sich einfach als Mitglied einer Religionsgemeinschaft empfunden. Dieses Gefühl wurde durch das rasante Erstarken des Antisemitismus zerstört. Einstein zufolge könnte man aus dieser Krise auch etwas gewinnen. Er hatte die Neigung der Juden zur Assimilierung schon immer als eher abstoßend empfunden. Wenn die Probleme einiger Juden andere dazu zwangen, sich ihrem Jüdischsein zu stellen, dann wäre wenigstens etwas Positives gewonnen.

Einstein und Warren G. Harding

Als Einstein Gast im Weißen Haus war, wurde Präsident Warren G. Harding gefragt, ob er die Relativitätstheorie verstehe. Mit entwaffnender Offenheit gestand Harding lächelnd, dass sie ihm völlig rätselhaft sei. Eine Karikatur der *Washington Post* zeigte daraufhin den Präsidenten, wie er über einem Schriftstück mit dem Titel »Relativitätstheorie« brütet, und Einstein, der über einem Schriftstück mit dem Titel »Normalitätstheorie« rätselt – so hatte Harding kurz zuvor seine Regierungsphilosophie genannt. Obwohl Harding während seiner Regierungszeit populär war, wurde seine Präsidentschaft durch Verwaltungs- und Korruptionsskandale erschüttert. Kurz nach seinem Tod 1923 fegten die Weltwirtschaftskrise und der Aufstieg des Faschismus in Europa jegliches Gefühl der von ihm versprochenen »Normalität« hinweg.

RECHTS: *Auf seiner US-Reise besuchte Einstein auch Präsident Warren G. Harding im Weißen Haus.*

Der Nobelpreis

D er Sonnenfinsternisversuch machte Einstein weltberühmt und bewies, dass er das Newtonsche Universum auf den Kopf gestellt hatte. Der Nobelpreis war ihm jedoch selbst zur Zeit seiner triumphalen US-Reise noch nicht verliehen worden. Für Einstein war dies insofern misslich, als er seiner ersten Frau Mileva das Preisgeld versprochen hatte, falls sie einer Scheidung zustimmte. Stattdessen stritten die beiden nun um Geld und Alimente.

Ein Jahr nach dem anderen war Einstein für den Preis nominiert und mit wechselnden Begründungen übergangen worden. Zum ersten Mal schlug ihn 1910 der Chemie-Nobelpreisträger Wilhelm Ostwald vor. Bei seiner Begründung betonte er, dass Einsteins Relativitätstheorie die Grundlagen der Physik betreffe. Einsteins Gegner bezeichneten sie jedoch mehr als ein philosophisches Konzept denn eine wissenschaftliche Entdeckung.

Diese Kritik teilte auch das Nobelkomitee in Schweden. Es hielt sich an Nobels Vorgabe, dass der Preis für »die wichtigste Entdeckung oder Erfindung« verliehen werden soll. Für das Komitee traf beides auf die Relativitätstheorie nicht zu: Bevor sie preiswürdig sei, seien weitere experimentelle Bestätigungen der Relativität nötig.

Wäre dies der einzige Einwand gewesen, hätte die überzeugende Analyse des Versuchs bei der Sonnenfinsternis und ihre Veröffentlichung im November 1919 die Debatte beendet. Doch bis dahin war das Ganze zu einem Politikum geworden. Die Argumente gegen Einstein zeigten nun einen Beigeschmack von kultureller Befangenheit und persönlicher Animosität. Die Jahrmarktsatmosphäre, die Einsteins Reise durch die USA begleitete, und sein Status als größter Star der Wissenschaft seit Benjamin Franklin, der 1776 in Paris einen ähnlichen Empfang erhalten hatte, kamen bei seinen Kritikern nicht gut an. Sie beschuldigten ihn, Werbung in eigener Sache zu machen, was für einen Nobelpreisträger unwürdig sei.

Der Vorsitzende des Preiskomitees von 1920 stellte ein internes Dossier zusammen, das die Verweigerung des Preises rechtfertigte. Es gibt Einblick in die politischen und persönlichen Vorbehalte gegenüber Einstein. Zitiert wird u.a. eine unsägliche Arbeit von Ernst Gehrcke. Der offene Antisemit und Gegner Einsteins führte im Sommer 1920 in Berlin einen wahren Feldzug gegen ihn. Auch der bekannte Antisemit Philipp Lenard befand sich hinter den Kulissen auf einem Kreuzzug gegen Einstein. Der Preis ging deshalb 1920 an Charles Edouard Guillaume, ebenfalls ein Absolvent des Polytechnikums in Zürich, für seine Arbeiten zu Metalllegierungen.

Im Jahr 1921 erstarkte in der Öffentlichkeit und innerhalb der Wissenschaft die Unterstützung für Einstein. Schließlich wurde er von 14 Vorschlagsberechtigten nominiert, erheblich mehr als jeder andere Konkurrent. »Einstein übertrifft seine Zeitgenossen in einem Ausmaß wie einst Newton«, schrieb Sir Arthur Eddington.

Charles Edouard Guillaume

Charles Edouard Guillaume war als Person und Wissenschaftler das genaue Gegenteil von Einstein. Er studierte in der Schweiz und arbeitete ab 1883 beim Internationalen Büro für Maße und Gewichte in Paris, das er von 1915 bis zu seiner Pensionierung 1936 leitete. Beim Studium von Stahl-Nickel-Legierungen und deren Ausdehnungskoeffizienten entwickelte er die Legierungen Invar und Elinvar, die sehr niedrige Koeffizienten aufweisen. Die aus diesen Legierungen produzierten Präzisionsmessinstrumente und Längenmessstäbe garantierten die Einhaltung des Standardmaßes. Seine unvergleichlich anspruchsloseren Arbeiten bewertete das Nobelpreiskomitee 1920 höher als Einsteins revolutionäre allgemeine Relativitätstheorie.

Carl Wilhelm Oseen

Da der Streit um die Verleihung des Nobelpreises an Einstein in Anerkennung seiner Relativitätstheorie so festgefahren war, rückte Carl Wilhelm Oseen Einsteins Arbeiten zu Lichtquanten in den Vordergrund. Er schlug vor, dass das Komitee den Preis für »die Entdeckung des Gesetzes des fotoelektrischen Effekts« verleihen sollte. Oseen wählte seine Worte mit großer Vorsicht. Diese kurze Formulierung umging nicht nur die Diskussion um die Relativität, denn entgegen der Darstellung einiger Historiker wurde Einstein nicht für seine Quantentheorie nominiert, auch wenn sein diesbezüglicher Aufsatz von 1905 auf dieser Theorie basierte. Laut Oseens Formulierung wurde er für die Entdeckung eines Gesetzes nominiert. Damit ließ er den Einwand ins Leere laufen, dass der Preis nicht für Theorien vergeben werden konnte.

OBEN: Max Born, sitzend, dahinter von links nach rechts: William Osler, Niels Bohr, James Franck und Oscar Klein. Die Fotografie entstand 1922 während der »Bohr-Festspiele« in Göttingen; damals hielt Niels Bohr sieben Vorträge über die Theorie der Atomstruktur.

Mittlerweile befanden sich die Schwedische Akademie und das Nobelpreiskomitee in einer weitaus peinlicheren Lage als Einstein. Zum Glück wurde Carl Wilhelm Oseen, ein theoretischer Physiker der Universität Uppsala, 1922 Mitglied des Komitees. Er fand einen Weg aus der Sackgasse, indem er vorschlug, Einstein den Preis für die Entdeckung des Gesetzes des fotoelektrischen Effekts zu verleihen.

Oseen hatte zudem die Idee, Einstein nachträglich mit dem Nobelpreis von 1921 auszuzeichnen. So könnte Niels Bohr den Preis von 1922 für sein Atommodell erhalten, das auf den Gesetzen des fotoelektrischen Effekts beruhte. Durch diese kluge Verbindung überwand Oseen die antitheoretischen Reflexe der experimentellen Wissenschaftler aus der alten Garde der Akademie, und so konnten die beiden bedeutendsten theoretischen Physiker der Zeit geehrt werden. Im September 1922 stimmte die Akademie zu, dass Einstein und Bohr die Preise für 1921 bzw. 1922 erhalten sollten.

Einstein wurde im Voraus informiert, dass er bei der Verleihung im Dezember 1922 berücksichtigt werden würde.

RECHTS: Die Nobel-Medaille. Jede Medaille zeigt auf einer Seite das Porträt von Alfred Nobel und auf der anderen eine Darstellung, die zum jeweiligen Fach passt.

> »Einstein übertrifft seine Zeitgenossen wie einst Newton.«
> — **Sir Arthur Eddington**

Doch die Vertreter der experimentellen Wissenschaft, die das Preiskomitee dominierten, waren erneut anderer Meinung. Den internen Bericht von 1921 verfasste Allvar Gullstrand, ein Professor für Augenheilkunde an der Universität Uppsala. Der Nobelpreisträger für Medizin von 1911 besaß nur dürftige Mathematik- und Physikkenntnisse und unterminierte entschlossen Einsteins Anspruch auf den Preis. In seinem Bericht behauptete er, dass die Ablenkung des Lichts kein wirklicher Beweis für Einsteins Theorie sei. Auch seien die Ergebnisse des Versuchs nicht gültig; selbst wenn sie es wären, könnten die Beobachtungen mit der Newtonschen Mechanik erklärt werden.

Auch wenn vielen Mitgliedern der Schwedischen Akademie nicht verborgen blieb, dass Gullstrands Angriff auf Einsteins Ideen plump war, war er doch auf eine Art und Weise verfasst, dass man ihm nur schwer widersprechen konnte. Die Akademie vermied eine Entscheidung; dies traf Einstein womöglich tiefer, als wenn der Preis an einen anderen Wissenschaftler verliehen worden wäre. Sie verkündete, dass der Preis 1921 nicht verliehen würde, sondern erst wieder im folgenden Jahr.

Inzwischen hatte er jedoch zum Nobelpreis eine solch belustigte Distanz gewonnen, dass er lieber auf eine bereits geplante Reise nach Japan ging. Seinen Nobelvortrag hielt er deshalb erst im Juli 1923 auf einer schwedischen Wissenschaftskonferenz. Obwohl er den Preis für seine Arbeit zum fotoelektrischen Effekt erhalten hatte, sprach Einstein über die allgemeine Relativität sowie – und dies war sein neues Interesse – über die dringend notwendige Entwicklung einer einheitlichen Feldtheorie, die die allgemeine Relativitätstheorie, die elektromagnetische Theorie und die Quantenmechanik miteinander in Einklang bringen sollten.

Das Preisgeld überstieg das Zehnfache von Einsteins Jahresgehalt als Professor in jenen Jahren. Es erlaubte ihm endlich, die Scheidungsvereinbarung umzusetzen, die er mit Mileva zu Beginn des Jahres 1918 getroffen hatte. Mileva kaufte von dem Geld drei kleine Mietshäuser in Zürich.

Quantenmechanik

Einstein erhielt den Nobelpreis für seine Leistungen in der Quantentheorie, nach der Licht und jegliche Strahlungsenergie aus einzelnen Teilchen bestehen. Doch in den 1920er-Jahren entwickelte sich aus der Quantentheorie eine radikal neue Mechanik, die Einstein zunehmend Unbehagen bereitete.

Die von Werner Heisenberg, Niels Bohr und anderen entwickelte Quantenmechanik postuliert, dass Licht zugleich Welle und Teilchen ist. Daraus folgte, dass der subatomaren Ebene eine gewisse Unsicherheit anhaftet, dass sich schon die Beobachtung eines Phänomens auf seine Realität auswirkt und Ort und Impuls eines Quantenteilchens nicht mit Genauigkeit bestimmt werden können. Die neuen Theorien verwarfen die Vorstellungen Newtons von einer strikten Kausalität und einem wissenschaftlichen Determinismus.

Einstein sträubte sich dagegen, die strikte Kausalität aufzugeben und zu akzeptieren, dass manche Dinge zufällig geschehen. Wiederholt äußerte er seinen berühmten Einwand, dass Gott mit dem Universum nicht würfele. Die Quantenmechanik, so

gab er zu, sei soweit vielleicht richtig, doch schien sie ihm unvollständig: Es müsse noch eine weitergehende, einheitliche Feldtheorie geben, die alle Naturkräfte wie Elektromagnetismus und Schwerkraft verbände und damit auch Eindeutigkeit und den klassischen Determinismus wieder in die Gesetze des Universums zurückbringe.

Einstein verstand als einer der ersten Wissenschaftler, dass die Quantennatur der Strahlung den Kosmos mit Uneindeutigkeit, Wahrscheinlichkeit und Zufall infiziert. Diese Befürchtung drückte er 1917 in seinem Aufsatz »Zur Quantentheorie der Strahlung« aus. Darin zeigte er auf, wie die Emission von Lichtquanten mit Niels Bohrs Theorie zusammenhängt, wie Elektronen in einem Atom in Quantensprüngen die Bahn wechseln. Einstein beschrieb, wie diese Strahlung künstlich angeregt werden kann und schuf so die theoretische Grundlage für unsere heutigen Laser. Er merkte auch etwas unglücklich an, dass es nicht möglich sei zu bestimmen, in welche Richtung und wann genau das Photon emittiert. Man konnte zwar die Wahrscheinlichkeit für einen bestimmten Moment, zu dem ein Atom ein

OBEN: *Der deutsche Physiker Max Planck gilt als Vater der Quantenphysik. Planck gehörte zu den wenigen Menschen, die die Bedeutung von Einsteins spezieller Relativitätstheorie sofort erkannten.*

UNTEN: *Die 1. Solvay-Konferenz diskutierte 1911 in Brüssel über »Strahlung und Quanten« sowie über die Probleme, die durch die verschiedenen Ansätze der klassischen Physik und der Quantentheorie entstehen. Einstein (stehend, 2. v. rechts) war der jüngste teilnehmende Physiker.*

Photon emittieren würde, berechnen, jedoch weder den Zeitpunkt noch die Richtung zu 100 Prozent exakt vorhersagen. Dabei spielte die Präzision der Messungen vor dem Zeitpunkt der Emission keine Rolle. Aus den Messungen ließ sich eben nur eine Wahrscheinlichkeit ableiten – das »göttliche Würfeln«, das Einstein so energisch ablehnte.

In der Relativitätstheorie blieben die Prinzipien von Ursache und Wirkung gültig, doch die bizarre Unberechenbarkeit der Quanten unterlief diese geordnete Kausalität. Einstein musste zugeben, dass seine Theorie wohl einen Schwachpunkt besaß, da sie dem »Zufall« bei einem so grundlegenden Vorgang eine solch bedeutende Rolle zuwies. Einstein war die Vorstellung von diesem »Zufall« so zuwider, dass er das Wort immer in Anführungszeichen setzte.

Der sture Widerstand gegen die Quantenmechanik und die vergebliche Suche nach einer einheitlichen Feldtheorie verdunkelten in gewisser Weise die zweite Hälfte seiner Karriere. Nachdem er seine Arbeit zur allgemeinen Relativitätstheorie beendet hatte, klagte er gegenüber einem Freund, dass man alle wirklich revolutionären Gedanken in der Jugend bekäme; sobald man älter und anerkannter werde, würden Sturheit und die Verteidigung der eigenen verfestigten Vorstellungen neue Gedanken blockieren.

Einigen Historikern zufolge hätte die Wissenschaft nicht viel verloren, wenn Einstein sich nach dem Sonnenfinsternisversuch zur Ruhe gesetzt und die restlichen 36 Jahre seines Lebens dem Segeln gewidmet hätte. Auch wenn darin ein Körnchen Wahrheit steckt, spielte Einstein doch weiterhin eine wichtige Rolle. Obwohl sich die meisten seiner Einwände gegen die Quantenmechanik als unberechtigt erwiesen, trug er mit einigen Verbesserungsvorschlägen auch zur Ausarbeitung der Theorie bei.

Einsteins Widerstand führt zu einer viel allgemeineren Frage. Warum war er bis zu seinem 40. Lebensjahr so viel rebellischer und folglich auch kreativer als danach? Offensichtlich ist dies ein Berufsrisiko für

OBEN:
Einsteins Angriffe auf die Quantenmechanik erreichten auf der 5. Solvay-Konferenz 1927 ihren Höhepunkt. Jeden Tag konfrontierte er Bohr mit Gedankenspielen, die zeigen sollten, dass die Quantenmechanik keine vollständige Beschreibung der Wirklichkeit ergab. Bohr wiederum suchte Einsteins Gedankenspiele zu widerlegen.

Niels Bohr (1885–1962)

Niels Bohr wurde am 7. Oktober 1885 in Kopenhagen geboren. Sein Vater war Professor für Physiologie an der Universität von Kopenhagen. 1911 promovierte er in Kopenhagen mit einer Arbeit über das Verhalten von Elektronen in Metallen. 1912 ging er nach Manchester und arbeitete im Labor von Ernest Rutherford, der in diesem Jahr den Begriff des Atomkerns einführte. Bohr entwickelte in der Arbeit bei Rutherford 1913 sein Atommodell. Nach dieser Theorie bewegten sich die Elektronen in Bahnen um den Atomkern. 1916 erhielt er von der dänischen Regierung eine Professur für Physik in Kopenhagen. Für seine Arbeiten zur Atomstruktur wurde ihm 1922 der Nobelpreis für Physik zuerkannt. Als die Nationalsozialisten 1941 Dänemark besetzten, floh er zunächst nach Schweden und dann in die USA, wo er am Manhattan-Projekt zur Entwicklung der amerikanischen Atombombe mitwirkte.

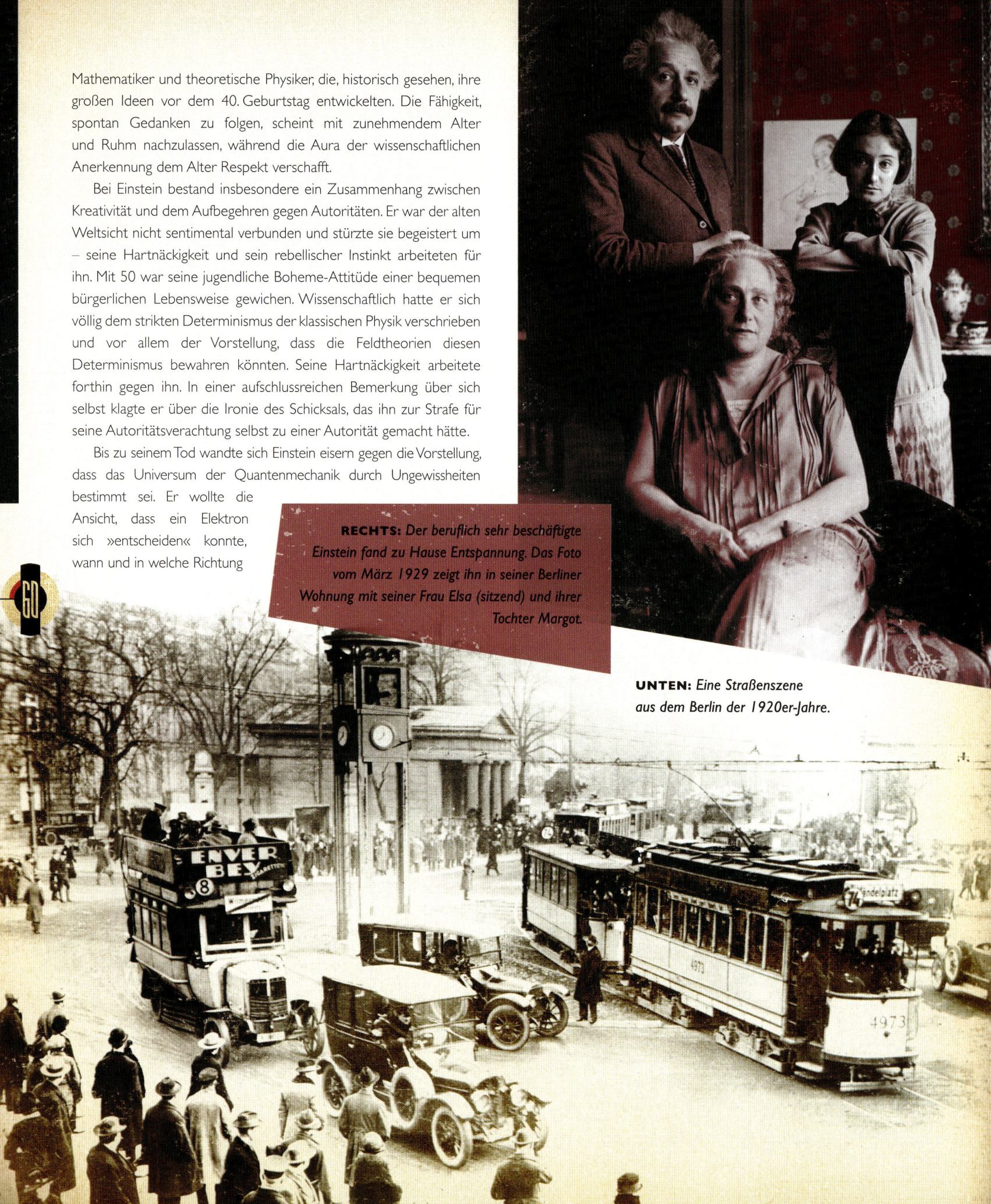

Mathematiker und theoretische Physiker, die, historisch gesehen, ihre großen Ideen vor dem 40. Geburtstag entwickelten. Die Fähigkeit, spontan Gedanken zu folgen, scheint mit zunehmendem Alter und Ruhm nachzulassen, während die Aura der wissenschaftlichen Anerkennung dem Alter Respekt verschafft.

Bei Einstein bestand insbesondere ein Zusammenhang zwischen Kreativität und dem Aufbegehren gegen Autoritäten. Er war der alten Weltsicht nicht sentimental verbunden und stürzte sie begeistert um – seine Hartnäckigkeit und sein rebellischer Instinkt arbeiteten für ihn. Mit 50 war seine jugendliche Boheme-Attitüde einer bequemen bürgerlichen Lebensweise gewichen. Wissenschaftlich hatte er sich völlig dem strikten Determinismus der klassischen Physik verschrieben und vor allem der Vorstellung, dass die Feldtheorien diesen Determinismus bewahren könnten. Seine Hartnäckigkeit arbeitete forthin gegen ihn. In einer aufschlussreichen Bemerkung über sich selbst klagte er über die Ironie des Schicksals, das ihn zur Strafe für seine Autoritätsverachtung selbst zu einer Autorität gemacht hätte.

Bis zu seinem Tod wandte sich Einstein eisern gegen die Vorstellung, dass das Universum der Quantenmechanik durch Ungewissheiten bestimmt sei. Er wollte die Ansicht, dass ein Elektron sich »entscheiden« konnte, wann und in welche Richtung

RECHTS: *Der beruflich sehr beschäftigte Einstein fand zu Hause Entspannung. Das Foto vom März 1929 zeigt ihn in seiner Berliner Wohnung mit seiner Frau Elsa (sitzend) und ihrer Tochter Margot.*

UNTEN: *Eine Straßenszene aus dem Berlin der 1920er-Jahre.*

es emittiert, nicht akzeptieren. Wenn dem wirklich so wäre, meinte Einstein zu seinem Freund, dem Physiker Max Born, dann hätte er einen schwerwiegenden Fehler gemacht, als er sich für ein Leben als Wissenschaftler entschied.

Als Niels Bohr 1920 Einstein zum ersten Mal in Berlin traf, war er bereits der Bannerträger der Quantenmechanik. Er stürzte sich sofort in Ausführungen, warum Zufall und Wahrscheinlichkeit in der Quantenmechanik eine zentrale Rolle spielen. Einstein blieb misstrauisch. Er wollte Kontinuität und Kausalität nicht vollständig aufgeben. Bohr behauptete dagegen unbeirrt, dass die Nichtexistenz einer strikten Kausalität ohne Zweifel klar belegt sei.

Ihre Meinungsverschiedenheiten reichten bis in grundlegende Vorstellungen über den Aufbau des Kosmos. Sie diskutierten, ob es überhaupt eine objektive Realität gibt und falls ja, ob man sie beobachten kann, und erörterten, ob der Weg des Universums vorbestimmt sei oder ob er sich im Gegenteil nach dem Prinzip des Zufalls entwickle.

Sein Leben lang bereute Bohr, dass es ihm nicht gelungen war, Einstein für die Quantenmechanik zu gewinnen. Doch ihre Auseinandersetzungen waren freundschaftlich und bisweilen sehr humorvoll. Als Einstein erklärte, dass Gott mit dem Universum nicht würfele, entgegnete ihm Bohr, dass Einstein endlich damit aufhören solle, Gott zu sagen, was dieser zu tun hätte.

UNTEN: *Einstein und Niels Bohr trafen sich 1925 bei Paul Ehrenfest, um über die Quantenmechanik zu diskutieren. Das Foto schoss Ehrenfest.*

Werner Heisenberg (1901–1976)

Werner Heisenberg wurde am 5. Dezember 1901 als Sohn des bekannten Byzantinisten August Heisenberg in Würzburg geboren. 1923 promovierte er über Turbulenzen; 1926/27 arbeitete er als Assistent von Niels Bohr in Kopenhagen, danach wurde er Professor für Theoretische Physik in Leipzig. Mit nur 23 Jahren hatte er schon 1925 seine Theorie zur Quantenmechanik veröffentlicht. Sie führte ihn 1927 zur Formulierung der »Heisenbergschen Unschärferelation«, wonach Ort und Impuls eines Teilchens nicht zugleich genau bestimmbar sind. 1932 wurde ihm der Nobelpreis verliehen. Im Gegensatz zu vielen anderen Physikern, die durch die Nationalsozialisten zur Auswanderung gezwungen wurden, blieb er in Deutschland, verteidigte jedoch jüdische und politisch linke Wissenschaftler gegen die Nationalsozialisten und vor allem die Bewegung der »Deutschen Physik«. Von 1958 bis 1970 war er Leiter des Max-Planck-Instituts für Physik in München.

Wenn Einstein Gott anführte, hielten dies viele Zuhörer nur für eine – möglicherweise ironische – Floskel. Schließlich war er trotz seiner Verbundenheit mit dem Judentum kein religiöser Mensch. Er besuchte niemals die Synagoge und war der festen Überzeugung, dass Naturgesetze und nicht die Hand eines mutwilligen Gottes den alltäglichen Gang des Universums bestimmten.

Die herrliche Harmonie der Naturgesetze und die Ehrfurcht vor dem Geheimnis der Schöpfung waren jedoch der Grund, dass sich Einstein selbst in einem gewissen Sinn als religiös und nicht als Atheist bezeichnete.

Auf einer Abendgesellschaft in Berlin lehnte der damals etwa 50-Jährige die Astrologie als abergläubischen Unsinn ab. Ein anderer Gast meinte, dass Religion auch Aberglaube sei. Die Gastgeberin beendete die Debatte mit der Bemerkung, dass

Einstein trotz seiner naturwissenschaftlichen Einstellung religiös sei.

»Nicht möglich!«, rief der Gast und fragte Einstein selbst nach dessen Religiosität. Einstein antwortete, dass hinter den physikalischen Gesetzen des Universums eine weitere, unfassbare, undefinierbare Kraft stünde. Falls Einstein religiös war, könnte seine Religiosität als eine Verehrung dieser Kraft beschrieben werden.

Einstein sprach und schrieb nicht viel über Religion. Als Kind hatte er eine kurze intensive religiöse Phase durchlebt. Sobald er sich jedoch für Naturwissenschaften zu interessieren begann, rebellierte er auch gegen die organisierte Religion. Seine Religiosität lebte jedoch offensichtlich Ende der 1920er-Jahre wieder auf, als er als etwa 50-Jähriger die Unschärfen in der Quantenmechanik zu kritisieren begann. Auf seiner Amerikareise zeigte sich sein nun tieferes Interesse am

eigenen Jüdischsein. Zudem entwickelte er bis zu einem gewissen Grad unabhängig einen Glauben an einen distanzierten Gott – eine Kraft, die die Regeln und Ordnung des Universums geschaffen hatte, jedoch niemals direkt eingriff. Diese Vorstellung wird oft als »Deismus« bezeichnet.

Nachdem ihn der Journalist George Sylvester Viereck über Religion interviewt hatte, wurde Einstein mit weiteren Fragen zu seinem Glauben bombardiert. Im Sommer 1930 versuchte er deshalb in »Mein Glaubensbekenntnis«, das als Text- und Audiodokument veröffentlicht wurde, eine elegante, einfache Antwort zu geben. Er schloss damit, dass »das Schönste und Tiefste, was der Mensch erleben kann [...] das Gefühl des Geheimnisvollen« sei. »Es liegt der Religion sowie allem tieferen Streben in Kunst und Wissenschaft zugrunde. Wer dies nicht erlebt hat, erscheint mir, wenn nicht

UNTEN LINKS:
George Sylvester Viereck befragte Einstein 1929 über seine Religion. Sechs Jahre zuvor hatte Viereck Hitler interviewt.

Einstein und die Religion

Vierecks Interview mit Einstein

Einstein war gerade 50 geworden, als er äußerst erhellende Einblicke in seine religiösen Vorstellungen gewährte. Sein Interviewer George Sylvester Viereck war ein schmeichlerischer Lyriker mit einem gewissen Talent für Propaganda. Einstein ging davon aus, dass der in Deutschland geborene Dichter Jude war, tatsächlich war Viereck jedoch angeblich mit der deutschen Kaiserfamilie verwandt und wurde später ein Anhänger des Nationalsozialismus. Einen Großteil seines Lebens schrieb er erotische Gedichte, interviewte Männer, die weitaus talentierter waren als er selbst und verfasste weitschweifige Begründungen für seinen ausgeprägten deutschen Nationalismus. »Fühlen Sie sich als Jude oder Deutscher?« Auf diese Frage erwiderte Einstein, dass er darin keine sich gegenseitig ausschließenden Kategorien sehe. Nationalismus sei eine Kinderkrankheit, das geistige Äquivalent zu Masern. »Sollten sich Juden assimilieren?« Darauf beklagte Einstein, dass sich die Juden in der Vergangenheit zu sehr bemüht hätten, ihre grundlegenen jüdischen Eigenheiten abzulegen. Nach seiner Einstellung zum Christentum befragt, erklärte er, dass er den Talmud und die Bibel studiert hätte und er Jesus Christus verehre. Das Evangelium sei so mit der Persönlichkeit von Jesus erfüllt, dass man kaum daran zweifeln könne, dass er wirklich gelebt hat. »Glauben Sie an Gott?« Einstein stellte klar, kein Atheist zu sein. Gottes Existenz übersteige jedoch den menschlichen Horizont. So, wie ein Kind, das nicht lesen kann, weiß, dass ein Buch tiefes Wissen enthält und eine Bibliothek nach bestimmten Prinzipien geordnet ist, müsse ein intelligenter Mensch beim Blick auf das Universum erkennen, dass hier eine übergeordnete Macht am Werk sei. Diese Kraft zu verstehen oder ihre Eigenschaften zu erklären ende jedoch immer in einer allzu starken Vereinfachung. Nach seinem Glauben an ein Leben nach dem Tod befragt, antwortete er schlicht, dass eine Lebenszeit für ihn ausreichend sei.

OBEN: *Rabbi Goldstein (Mitte) 1945 nach einer Veranstaltung im Weißen Haus. Goldstein sah in Einsteins Antwort auf sein Telegramm den Beweis, dass dieser kein Atheist war. Er glaubte, dass Einsteins Theorie in ihrem letzten logischen Schluss zu einer wissenschaftlichen Formel des Monotheismus führen würde.*

Goldsteins Telegramm

Etwa zu der Zeit, als Kardinal O'Connell Einsteins religiöse Vorstellungen angriff, sandte der Führer der orthodoxen Juden in New York, Rabbi Herbert Goldstein, Einstein per Telegramm eine direkte Frage: »Glauben Sie an Gott? Stopp. Antwort bezahlt. 50 Wörter.« Einstein benötigte für seine Antwort weitaus weniger als 50 Wörter. In immer wieder abgewandelten Versionen würde er seine berühmte Antwort auf die Frage zu vielen Gelegenheiten wiederholen: »Ich glaube an Spinozas Gott, der sich in der gesetzlichen Harmonie des Seienden offenbart, nicht an einen Gott, der sich mit Schicksalen und Handlungen der Menschen abgibt.« Die Antwort gefiel weder allen Gläubigen noch allen Atheisten. Heute verstehen und mögen jedoch die meisten Menschen Einsteins Aussage. Das deistische Konzept eines Gottes, der sich in das von ihm geschaffene Universum nicht einmischt, ging konform mit den persönlichen Glaubensvorstellungen vieler der Gründerväter der Vereinigten Staaten, etwa Thomas Jefferson und Benjamin Franklin, und fand sich auch in den Werken einiger von Einsteins Lieblingsphilosophen.

wie ein Toter, so doch wie ein Blinder. Zu empfinden, dass hinter dem Erlebbaren ein für unseren Geist Unerreichbares verborgen sei, dessen Schönheit und Erhabenheit uns nur mittelbar und in schwachem Widerschein erreicht, das ist Religiosität. In diesem Sinne bin ich religiös.«

Einsteins Glaubensbekenntnis war eine Sensation und wurde weltweit in vielen Sprachen veröffentlicht. Damit war das Thema jedoch nicht erledigt. Immer wieder befragten ihn Menschen über seine Religion. Eine Sechstklässlerin aus einer New Yorker Sonntagsschule wollte wissen, ob Wissenschaftler beten. In seinem Antwortbrief schrieb Einstein: »Der wissenschaftlichen Forschung liegt der Gedanke zugrunde, dass alles Geschehen durch Naturgesetze bestimmt sei, also auch das Handeln der Menschen. Deshalb wird ein Forscher kaum geneigt sein zu glauben, dass das Geschehen durch ein Gebet — das heißt, durch einen gegenüber einem übernatürlichen Wesen geäußerten Wunsch — beeinflusst werden könnte.« Er lehnte die Vorstellung eines persönlichen Gottes ab, nicht jedoch die Idee einer übermenschlichen Kraft. »Die Wissenschaft erfüllt jeden, der sich ernsthaft mit ihr befasst, mit der Überzeugung, dass sich in der Gesetzmäßigkeit der Welt ein dem menschlichen ungeheuer überlegener Geist manifestiere, dem gegenüber wir mit unseren bescheidenen Kräften demütig zurückstehen müssen. So führt die Beschäftigung mit der Wissenschaft zu einem religiösen Gefühl besonderer Art [...]«

Zu seinen Lebzeiten und noch heute wurden und werden Bruchstücke aus Einsteins Äußerungen von Atheisten und von Gläubigen zititert und angeprangert. So verurteilte etwa Kardinal William Henry O'Connell Einsteins

> »Das Ergebnis dieses Zweifels und der vernebelten Spekulation über Zeit und Raum ist ein Deckmantel, unter dem sich die schreckliche Erscheinung des Atheismus versteckt.«— **Kardinal William Henry O'Connell**

LINKS: *Kardinal O'Connell verurteilte Einsteins Theorien über Religion als »wahren Atheismus, auch wenn er sich als kosmischer Pantheismus tarnt«.*

Verneinung eines persönlichen Gottes. »Das Ergebnis dieses Zweifels und vernebelten Spekulation über Zeit und Raum ist ein Deckmantel, unter dem sich die schreckliche Erscheinung des Atheismus versteckt.«

Gegen Ende seines Lebens schrieb Einstein einen Brief, der unter großem öffentlichem Interesse 2008 auf einer Auktion verkauft wurde. Darin entzaubert er die Vorstellung eines persönlichen Gottes. Das Wort »Gott« sei für ihn nichts als Ausdruck und Produkt menschlicher Schwächen, die Bibel eine Sammlung reichlich primitiver Legenden, deren Wert in ihrer Langlebigkeit liege. Sein Leben lang beteuerte Einstein jedoch, kein schlichter Atheist zu sein. Er ärgerte sich über Menschen, die verkündeten, dass Gott nicht existiere, noch mehr jedoch über diejenigen, die seine Worte zur Unterstützung ihrer eigenen Ansichten anführten. In einem anderen Brief bemerkte er, dass extreme Atheisten, die sich von der organisierten Religion losgesagt hätten, in Wahrheit noch immer Leibeigene ihres alten Glaubens seien. Ihre heftige Ablehnung von Hierarchie und Dogma mache sie taub für die Stimme des wahren Gottes, die in der Musik des Universums zu hören sei.

Vor allem jedoch sah Einstein keinen Widerspruch in Wissenschaft und Religion. Bei einer Konferenz am Union Theological Seminary in New York argumentierte er, dass hauptsächlich die Idee eines persönlichen Gottes die Spannungen zwischen Naturwissenschaft und Religion verursache.

Seine prägnante Schlussfolgerung wurde berühmt. Seine Position basierte darauf, dass die Wissenschaft ohne Religion lahm sei, Religion ohne Wissenschaft jedoch blind.

Hitlers Aufstieg

Im Laufe der 1920er-Jahre wuchs Einsteins pazifistische Überzeugung. Bei einer Sitzung des Abrüstungsausschusses des Völkerbundes 1928, die nach Wegen zur Eindämmung des Gaskriegs suchte, äußerte er deutlich seine Geringschätzung für solch schwache Maßnahmen. Regeln und Einschränkungen, die im Krieg gelten sollten, hielt er für völlig aberwitzig. Krieg sei kein Spiel, argumentierte er, und deshalb verfehlten Regeln das eigentliche Ziel: den Krieg selbst abzuschaffen. Er plädierte dafür, ein Gremium zu bilden, das junge Männer bei der Kriegsdienstverweigerung unterstützen sollte.

Als Reaktion auf die Gräuel des Ersten Weltkriegs erstarkte in jener Zeit der Pazifismus als Bewegung. Einsteins Mitstreiter waren u.a. Upton Sinclair, Sigmund Freud, John Dewey und H.G. Wells. Gemeinsam erklärten sie am 12. Oktober 1930 im Manifest des Joint Peace Council: »Wir glauben, dass jeder,

RECHTS: *Sigmund Freud, Begründer der Psychoanalyse und Einsteins Briefpartner. Es schien nur selbstverständlich, dass der Mann, der das Universum am besten verstand, mit dem besten Kenner der menschlichen Seele korrespondierte.*

Einstein korrespondiert mit Freud

1932 lud das Internationale Institut für geistige Zusammenarbeit Einstein zu einem Briefwechsel mit einem prominenten Intellektuellen seiner Wahl ein. Einstein entschied sich für Freud, eine Ikone des Pazifismus, dessen Geist dem seinen ebenbürtig war. In seinem ersten Brief vertrat Einstein seine seit Jahren gehegte Idee einer föderalen Weltregierung. Um »die Menschen vom Verhängnis des Krieges zu befreien«, müssten die Nationen seiner Meinung nach auf einen Teil ihrer Handlungsfreiheit zugunsten einer überstaatlichen Organisation mit sehr viel weitreichenderer Macht als der Völkerbund bedingungslos verzichten. In seinem Brief an Freud schrieb Einstein, dass nur die teilweise Aufgabe dieser staatlichen Souveränität zu internationaler Sicherheit führe.

»Wir glauben, dass jeder [...] die Abschaffung der militärischen Ausbildung für die Jugend fordern sollte.« — **Manifest des Joint Peace Council**

UNTEN: *Aufmärsche, hier der Hitlerjugend, in den 1930er-Jahren, bestärkten Einstein in seiner Entscheidung, Deutschland 1933 zu verlassen.*

der den Frieden ernsthaft bewahren möchte, die Abschaffung der militärischen Ausbildung für die Jugend fordern sollte.«

Einsteins Überlegungen zum Weltfrieden schienen im März 1933 mit Hitlers Machtübernahme in Deutschland hinfällig. Als Wissenschaftler war er jedoch fähig, Theorien aufgrund neuer Fakten zu korrigieren – auch seine pazifistischen Anschauungen.

Zu diesem Zeitpunkt beendete Einstein gerade sein Semester als Gastdozent am California Institute of Technology (Caltech) in Pasadena. Nach Deutschland kehrte er nicht zurück. Als sein Schiff in Belgien anlegte, gab er dort im deutschen Konsulat seinen Pass ab und seine deutsche Staatsbürgerschaft auf.

Auch seine pazifistischen Anschauungen unterzog er einer Revision. Als er aus den Niederlanden schriftlich um seine Unterstützung in der Friedensarbeit gebeten wurde, schickte Einstein eine eindeutige

Antwort: In solchen Krisenzeiten sei radikaler Pazifismus eine Sackgasse. Er könne nicht zu einer Militärdienstverweigerung raten, da sonst Länder hilflos seien angesichts der rapiden Aufrüstung in Deutschland.

Einstein zeigte seine neuen Ansichten sehr deutlich, als er von einem mächtigen Freund ein weiteres Mal um Hilfe gebeten wurde. Er hatte das belgische Königspaar kennengelernt und spielte gelegentlich gemeinsam mit Königin Elisabeth in einem Streichquartett Geige. 1933 – Einstein lebte im Exil in Belgien – erhielt er eine kryptische Nachricht, die er sofort verstand: »Der Gatte der Zweiten Geige möchte über eine dringende Angelegenheit mit Ihnen sprechen.« Einstein eilte sofort in den Palast, um König Albert I. zu treffen.

Der belgische König sorgte sich, ob Einstein unter dem Druck internationaler Pazifisten öffentlich für zwei belgische Kriegsdienstverweigerer eintreten würde, die im Gefängnis saßen. Einstein sagte dem König zu, in dieser Angelegenheit die belgische Regierung und nicht die inhaftierten Pazifisten zu unterstützen. In einer öffentlichen Erklärung führte er aus, dass angesichts der aktuellen Lage, in der Deutschland aggressiv aufrüste, die belgische Armee grundsätzlich als Mittel zur Abschreckung und nicht zur Unterstützung von Aggression zu sehen sei.

In einem öffentlichen Brief an den Führer der pazifistischen Gruppe schrieb er zudem, dass er unter den aktuellen Umständen als Belgier den Militärdienst nicht verweigern, sondern in die Armee eintreten würde, um

einen Beitrag zur Bewahrung der europäischen Zivilisation zu leisten. *The New York Times* brachte daraufhin die Schlagzeile: »Einstein ändert seine pazifistische Einstellung / Rät den Belgiern, sich gegen die deutsche Bedrohung zu bewaffnen«.

Einstein hatte eine Stelle im neuen Institute for Advanced Study in Princeton, New Jersey, angeboten bekommen und beschloss, in die USA zu emigrieren. Er wusste, dass ihm sein Sohn Hans Albert wahrscheinlich nachfolgen könnte – und so kam es auch. Doch sein jüngerer Sohn, Eduard, war wie seine Mutter Mileva psychisch erkrankt und Patient in der Psychiatrie in Zürich. Einstein war klar, dass nach seiner Flucht aus Europa Eduard vielleicht nie wieder sehen würde.

Milevas Verhältnis zu ihrem ehemaligen Mann war mittlerweile wieder so gut, dass sie ihn zusammen mit Elsa einlud, in ihrem Mietshaus in Zürich zu wohnen. Angenehm überrascht nahm Einstein das Angebot für den Mai 1933 an. Damals sollte er seinen Sohn Eduard zum letzten Mal besuchen.

OBEN: *König Albert I., seine Frau Elisabeth und ihr Sohn Leopold 1905. Einstein und die belgische Königin liebten Musik und musizierten so oft wie möglich zusammen.*

UNTEN: *Eines der seltenen Bilder mit Einsteins beiden Söhnen vom Juli 1917. Wie sein Vater war Eduard (links) ein hervorragender Musiker. 1930 erkrankte er an Schizophrenie, 1932 wurde er das erste Mal in eine psychiatrische Klinik eingewiesen. Nach der Diagnose zerbrach die Beziehung zu seinem Vater. Eduard starb 1965.*

Einsteins letzter Besuch bei Eduard

Einsteins letzter Besuch bei seinem jüngeren Sohn, Eduard, im Mai 1933 war weitaus aufwühlender, als er erwartet hatte. Einstein hatte seine Geige mitgebracht, da Vater und Sohn bei früheren Besuchen im gemeinsamen Musizieren ein Ausdrucksmittel für ihre Emotionen gefunden hatten, die sie nicht in Worte fassen konnten. Von dem Besuch gibt es noch ein ergreifendes Foto. Die beiden sitzen – wohl im Besuchsraum der psychiatrischen Klinik – nebeneinander und scheinen sich äußerst unbehaglich zu fühlen. Einstein hält Geige und Bogen in den Händen und blickt nach unten, Eduard konzentriert sich mit schmerzerfülltem Gesicht auf einen Stapel Papier. Noch im selben Jahr emigrierte Einstein in die USA; er sollte weder nach Europa zurückkehren noch Eduard je wiedersehen.

Albert Einstein erreichte die USA im Oktober 1933. Er war 54 Jahre alt und würde die restlichen 22 Jahre seines Lebens in Amerika verbringen. Ab diesem Zeitpunkt hielt er sich kaum mehr eine Nacht außerhalb von Princeton, New Jersey, auf, wo er am Institute for Advanced Study von Direktor Abraham Flexner berufen worden war.

Flexner war um Einsteins Privatsphäre extrem besorgt. Er hatte ein Boot organisiert, auf dem Einstein nach der Zollabfertigung in Ruhe den Ozeanriesen verlassen konnte, mit dem er von Belgien gekommen war. »Dr. Einstein möchte nur in Ruhe gelassen werden und nichts sagen«, erklärte er den verärgerten Reportern, denen die »Beute« entkommen war. Einstein wollte aber nicht nur seine Ruhe, sondern auch ein Eis. Nur wenige Stunden nach seiner Ankunft in Princeton zog er bequeme Kleidung an und bummelte pfeiferauchend zur örtlichen Eisdiele. Vor ihm wurde ein junger Theologiestudent bedient; Einstein deutete auf dessen Eistüte und dann auf sich selbst. Als die überwältigte Kellnerin sein Wechselgeld zählte, erklärte sie: »Das kommt in mein Erinnerungsbuch.«

Als man ihn sein Eckbüro im Institut zeigte, bat man ihn darum, die noch nötige Ausstattung aufzulisten. Bescheiden verlangte er nur noch ein paar Möbelstücke und Büroutensilien – und zwar vor allem

OBEN: *Albert Einstein kommt als Emigrant 1933 in New York an.*

In Amerika

»Dr. Einstein möchte nur in Ruhe gelassen werden.« — **Abraham Flexner zu Reportern**

Einstein und die Musik

Einstein war in Princetons Umgebung bald wegen seiner Musikliebe und für sein genialisches Auftreten bekannt. Auf der Willkommensparty, die er und Elsa ausrichteten, gab er zusammen mit dem großartigen russischen Violonisten Toscha Seidel, der die Erste Geige spielte, ein Konzert. Seidel gab Einstein einige Ratschläge für sein Spiel, und Einstein versuchte ihm im Gegenzug die Relativitätstheorie zu erklären. Die Diagramme, die er dabei zeichnete, hob der Musiker als kostbare Erinnerungsstücke auf. Einmal spielte Einstein auch in Fritz Kreislers Violinquartett und kam aus dem Takt. Kreisler mimte humorvoll Verzweiflung: »Was ist los, Professor, können Sie nicht zählen?« Oft kolportiert ist auch die Geschichte des christlichen Gebetskreises für die verfolgten Juden. Die Gruppe war freudig überrascht, als Einstein um eine Teilnahme bat. Mit seiner Geige spielte er ein Solo wie ein Gebet.

LINKS: *Einstein bei einem Benefizkonzert für Flüchtlingskinder im Januar 1941. Am Flügel begleitete ihn die Konzertpianistin Gaby Casadesus.*

Tramp. Einstein war zudem reizend: Er gab Fehler zu und war fast naiv in seinem leidenschaftlichen Einsatz für das Wohlergehen der Menschheit, und gelegentlich auch von einzelnen Personen. Mit ziemlich abwesendem Blick schien er stets über höhere Wahrheiten des Universums nachzugrübeln – offensichtlich stand ein so beschäftigter Geist weit über eher weltlichen Belangen.

Eine Bekannte zeigte ihm Baumwollsweatshirts aus einem Armeeladen. Er mochte sie lieber als Pullover, da er auf Wolle leicht allergisch reagierte. Frisuren und Bürsten waren ihm noch nie wichtig gewesen, und er genoss nun seine wild wuchernde Haarpracht. Auch alle drei Frauen, die mit ihm zusammenlebten – Elsa, ihre Tochter Margot und seine Schwester Maja – hatten wildes graues Haar.

Elsa liebte Princeton und wollte nicht mehr weg. In einem Brief beschrieb sie es als einzigen großen Park mit herrlichen Bäumen – man könnte fast glauben, in Oxford zu sein. Sie hegte jedoch schwere Schuldgefühle, dass sie und ihr Ehemann so gut lebten, während andere in Europa unter schrecklichen Entbehrungen und Verfolgungen litten. »Wir sind hier sehr glücklich, vielleicht zu glücklich. Manchmal hat man ein schlechtes Gewissen.« Ursprünglich hatten sie geplant, für ein Semester nach Europa zurückzukehren, wo Einstein in Oxford oder einer der anderen Universitäten, die ihm eine Stelle angeboten hatten, lehren wollte. Im April 1934 beschlossen sie jedoch, nicht mehr nach Europa zurückzukehren.

Einstein wurde eine bekannte Person in Princetons Alltag. Oft sah man ihn gedankenverloren umherschlendern, und Jahre später wusste fast jeder Einwohner Geschichten über ihn zu erzählen. Weil er zum Autofahren zu zerstreut war – »das ist zu kompliziert für ihn«, sagte Elsa oft – ging Einstein jeden Morgen zu Fuß zum Institut. Mittags kam er, häufig von Kollegen oder Studenten begleitet, zum Essen nach einen großen Papierkorb, in den er all seine zu Papier gebrachten Fehler versenken konnte.

Die Einsteins zogen in ein neues gemietetes Haus, und Albert schwebte mit zerstreuter Miene und einer gewissen Ironie durch Princeton. Daraus entstand das berühmte ikonische Bild Einsteins in seinen späteren Lebensjahren: ein gütiger, sehr netter alter Professor, der zerstreut umherstreift, immer gern einem Kind bei den Hausaufgaben hilft und sich nicht um seine äußere Erscheinung schert – oft trug er nicht einmal Socken. Für ihn war dies ein rebellischer Akt. Einmal gestand er einem Nachbarn, dass ihm an seinem fortgeschrittenen Alter am besten gefiel, dass ihm niemand mehr zum Sockentragen zwingen konnte.

Diese Anmutung eines reichlich zerknitterten Genies war nicht ganz falsch, doch Einstein reizte diese herrliche Rolle mit Vergnügen bis zuletzt aus und machte sie so berühmt wie Charlie Chaplins

UNTEN: *Einsteins Haus in der Mercer Street, Princeton, New Jersey.*

»Wir sind hier sehr glücklich, vielleicht zu glücklich. Manchmal hat man ein schlechtes Gewissen.«
—**Elsa Einstein über Princeton**

Hause. Einstein wirkte verträumt, während andere oft vergeblich versuchten, mit übertriebenen Gesten und Rufen seine Aufmerksamkeit zu erringen. Wenn sie sein Haus in der Mercer Street erreichten, blieb er dort manchmal von einem Gedanken überwältigt stehen, während seine Begleiter verzweifelt zu ihren eigenen Häusern abzogen. Er war so zerstreut, dass er sogar vergaß, wohin er eigentlich hatte gehen wollen, und wieder zurück in Richtung Institut schlenderte. Seine Sekretärin Helen Dukas, die immer nach ihm Ausschau hielt, führte ihn dann behutsam ins Haus und kümmerte sich um seine Makkaroni zum Mittagessen. Nach der Mahlzeit und einem Nickerchen diktierte er ihr die Antworten auf Briefe, die er erhalten hatte. Danach ging er wieder in sein Büro im Institut, um weiter über die einheitlichen Feldtheorien nachzudenken, die sein spätes wissenschaftliches Leben einnahmen.

Auf seinen ziellosen Streifzügen durch die Stadt verirrte sich Einstein bisweilen rettungslos. Einmal rief ein Mann im Institut an und verlangte von der Sekretärin, ihn mit dem Dekan zu verbinden. Da dieser nicht verfügbar war, bat der Anrufer um Einsteins Adresse. Die Sekretärin erklärte, dass diese geheim war und nicht herausgegeben werden durfte. Peinlich berührt, flüsterte der Mann, dass er aber doch Einstein *selbst* sei und seine Adresse vergessen habe. Inständig bat er die Sekretärin, über dieses Missgeschick Stillschweigen zu bewahren.

Dieses idyllische Leben fand jedoch ein jähes Ende, als Elsa an Herz und Nieren erkrankte. Die Ärzte verschrieben ihr strenge Bettruhe, und an vielen Abenden las Einstein ihr vor. Meist bewältigte er die Situation jedoch, indem er sich noch mehr in seine Studien vertiefte.

LINKS: *Einstein und Helen Dukas bei der Arbeit im Garten. Sie war von 1928 bis zu seinem Tod seine Sekretärin. Nach Elsas Tod übernahm Helen Dukas auch die Rolle der Haushälterin.*

Als Elsa im Dezember starb, weinte Einstein so sehr wie beim Tod seiner Mutter. Seine Trauer war tiefer, als er erwartet hatte. Ihre Beziehung war nicht überaus romantisch gewesen. Außer in der Zeit, als er um sie warb, enthielten Einsteins Briefe an Elsa nur wenig zärtliche Worte. Er verhielt sich ihr gegenüber reizbar und fordernd und zeigte nur wenig Interesse für ihre emotionalen Bedürfnisse. Er flirtete sogar bekanntermaßen mit anderen Frauen.

Ihre Beziehung war dennoch tief. Sie war zwar nicht von Romantik geprägt, jedoch von einem echten, dauerhaften Gefühl der Zuneigung. Sie erstarkte im Laufe ihrer Ehe aufgrund ihres gegenseitigen Verständnisses und ihrer Rücksichtnahme auf die Bedürfnisse und Wünsche des jeweils anderen. Dies verschaffte ihnen eine Zufriedenheit, die sie beide hoch schätzten. Nicht zuletzt liebten sie sich für ihren Humor – denn auch Elsa war mit einem für sie ganz typischen Witz gesegnet.

Nicht weiter überraschend. Vor dem emotionalen Schmerz, den ihm ihr Tod bereitete, schützte sich Einstein, indem er sich in die Arbeit stürzte. Er konnte sich nur schwer konzentrieren, gestand er seinem Sohn Hans Albert, doch nur durch die Arbeit konnte er seiner Trauer entfliehen. Wie zuvor in persönlichen Krisen verdrängte er seinen Schmerz durch die Hingabe an seine Arbeit – sie verlieh seinem Leben am meisten Sinn.

RECHTS: *Einstein in seinem Büro in der Mercer Street im Juni 1938.*

UNTEN: *Von links: Robert Oppenheimer, Elsa Einstein, Einstein, Margarita Konenkova und Elsas Tochter Margot 1935. Im folgenden Jahr starb Elsa.*

Einsteins Haus in der Mercer Street

Kurz nach ihrer Ankunft in Amerika kauften die Einsteins ein weißes Schindelhaus in der Nähe ihres ersten gemieteten Heims. Der kleine Vorgarten und die Veranda lagen an einer von Bäumen gesäumten Straße. Das neue Haus in der Mercer Street 112 entsprach perfekt dem Charakter seines berühmten Bewohners. Es war bescheiden und doch bezaubernd, ohne Starallüren und doch, da es an der Hauptstraße stand, zugleich sehr präsent und irgendwie geheimnisvoll hinter seiner Hecke und Veranda. Als einziger Umbau wurde im ersten Stock ein Büro für Einstein eingerichtet. Elsa überwachte das Projekt. Durch ein neues Panoramafenster blickte man in den hinteren Garten, an den Wänden standen deckenhohe Bücherregale, und ein Tisch war ständig mit Papieren, Stiften und Pfeifen bedeckt. Einstein saß in einem Lehnstuhl, kritzelte Gleichungen in ein Notizbuch auf seinem Schoß und sah ab und zu aus dem Fenster.

Die Bombe

Mit dem Aufstieg der National-sozialisten rückte Einstein vom Pazifismus ab. In den USA versuchte er, jüdischen Flüchtlingen zu helfen, darunter auch seinem alten Bekannten Leó Szilárd. Der Physiker aus Ungarn hatte in Berlin mit Einstein zusammen an einer neuen Kühlschranktechnik gearbeitet und war fast ebenso exzentrisch und charmant wie sein Kollege.

Szilárd floh vor den Nationalsozialisten nach London, wo ihm beim Warten an einer Ampel die Idee von der Möglichkeit einer nuklearen Kettenreaktion kam. Daran arbeitete er 1939 an der Columbia University, als er von der Entdeckung der Kernspaltung beim Uran erfuhr. Ihm wurde klar, dass er dieses Element für die Auslösung einer Kettenreaktion verwenden musste.

Szilárd befürchtete, dass die deutsche Regierung versuchen würde, das gesamte Uran aus der Kolonie Belgisch-Kongo aufzukaufen. Zusammen mit seinem Freund Eugene Wigner, einem Physiker, der ebenfalls aus Ungarn geflohen war, suchte er nach einem Weg, die belgische Regierung zu warnen. Szilárd nahm daher Kontakt zu Einstein auf, denn sie wussten, dass Einstein die belgische Königsmutter kannte.

Am Sonntag, den 16. Juli 1939, besuchten Wigner und Szilárd Einstein in seinem gemieteten Sommerhaus im Dorf Peconic im Nordosten von Long Island. An einem schlichten Holztisch auf der Veranda lauschte Einstein überrascht Szilárds Ausführungen über Kettenreaktionen von mit Grafit moderiertem Uran – eine solche Entwicklung hatte er nie in Betracht gezogen. Er stellte Szilárd einige klärende Fragen und dachte noch etwa eine Viertelstunde nach, bevor er die schrecklichen Implikationen von Szilárds Erkenntnissen erfasste. Dann schlug er vor, statt an die Königinmutter zu schreiben, mit einem ihm bekannten belgischen Minister Verbindung aufzunehmen.

Wigner warnte davor, als Gruppe von Flüchtlingen mit einer ausländischen Regierung in Kontakt zu treten, ohne dies zuvor dem Außenministerium mitzuteilen. Er schlug deshalb vor, dass Einstein einen Brief mit einem Begleitschreiben des Außenministeriums an den belgischen Botschafter schicken sollte. Einstein stimmte ihm zu und diktierte auf Deutsch einen Brief, den Wigner übersetzte und den er seine Sekretärin tippen ließ. Das fertige Schreiben übergab er anschließend an Szilárd.

OBEN: Leó Szilárd hoffte, dass die Drohung der USA mit der Atombombe Deutschland und Japan zur Kapitulation zwingen würde.

Charles Lindbergh
(1902–1974)

Charles Lindbergh wurde berühmt, als er 1927 als Erster im Alleinflug den Atlantik überquerte. Bis 1939 verbrachte er viel Zeit in Deutschland und wurde von Hermann Göring sogar mit einem Orden ausgezeichnet. Als Verfechter des Isolationismus trat Lindbergh beim Kriegseintritt der USA als Brigadegeneral zurück. Kurz nachdem ihn Einstein kontaktiert hatte, warb er in einer landesweiten Radiosendung für den Isolationismus. »Die Geschicke dieses Landes rufen nicht nach einer Verwicklung in die Kriege Europas«, begann er seine Rede, die von nur leicht verbrämten prodeutschen Bemerkungen und Spitzen gegen die angebliche Beherrschung der US-Medien durch Juden durchsetzt war. Sarkastisch schrieb Szilárd an Einstein: »Lindbergh ist nicht unser Mann!«

LINKS: Charles Lindbergh (links) und der Oberbefehlshaber der Luftwaffe, Hermann Göring (rechts), bei einem Empfang im Juli 1936 in Deutschland.

70

Von ihrem Plan erzählte Szilárd auch Alexander Sachs, der als Ökonom der Bank Lehman Brothers und Freund von Präsident Roosevelt mit Alltagspolitik wesentlich vertrauter war als die drei theoretischen Physiker. Er bot sich an, den Brief direkt dem Weißen Haus zu überbringen. Einstein gefiel die Idee. Er lud Szilárd ein, erneut nach Peconic zu kommen, um den Brief zu überarbeiten.

Diesmal nahm sich Szilárd den theoretischen Physiker Edward Teller als Fahrer, der ebenfalls aus Ungarn geflohen war. Einstein war sich bewusst, dass ihr Vorhaben ihren ursprünglichen Plan, Belgiens Regierung vor der Lieferung kongolesischen Urans an die Deutschen zu warnen, bei Weitem überstieg: Sie wollten nun dem Präsidenten der USA vorschlagen, eine Atomwaffe mit einer unvorstellbaren Zerstörungskraft zu bauen. Deshalb wurde ein völlig neuer Brief entworfen. »Einstein diktierte einen Brief auf Deutsch, den Teller niederschrieb«, erinnerte

UNTEN: *Einstein im Jahr 1939.*

OBEN: *Der Physiker Eugene Wigner war zwar weniger berühmt als Einstein, manche Kommentatoren halten ihn jedoch diesem für intellektuell ebenbürtig.*

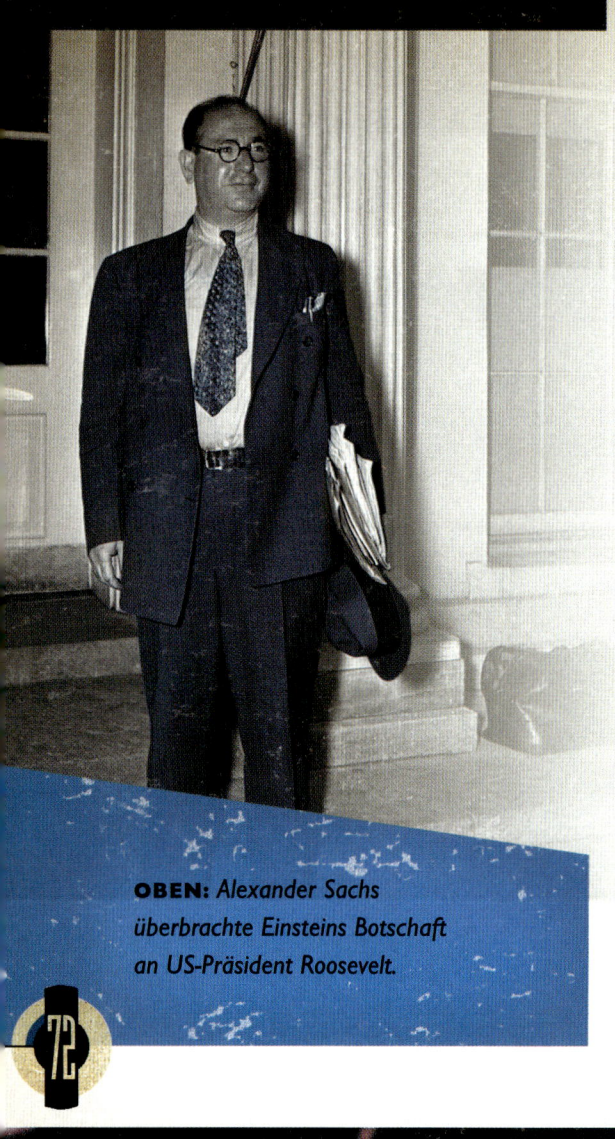

OBEN: *Alexander Sachs überbrachte Einsteins Botschaft an US-Präsident Roosevelt.*

sich Szilárd. »Ich benutzte den deutschen Text als Vorlage, um zwei Entwürfe eines Briefs an den Präsidenten zu verfassen.«

In einem dieser Entwürfe erklärte Einstein, dass die Kettenreaktion nur eine theoretische Möglichkeit sei – ihre praktische Anwendung könnte jedoch im Bau einer neuartigen Bombe enden. Er bat den Präsidenten, eine Arbeitsgruppe von Wissenschaftlern einzusetzen, die diese Möglichkeit prüfen sollte. Szilárd überarbeitete den Entwurf zu einem formellen Brief, den Einstein unterschrieb.

Ihre erste Idee, den Präsidenten über den Flieger Charles Lindbergh zu erreichen, mussten sie fallenlassen: Lindbergh zeigte sich als Isolationist mit insgeheimen Sympathien für die Nationalsozialisten. Aus diesem Grund wandten sie sich erneut an Alexander Sachs. Diesem gelang es erst nach fast zwei Monaten, das eindeutig höchst wichtige Schreiben zu übergeben. Dessen Dringlichkeit war bis dahin noch offensichtlicher geworden. Ende August 1939 überraschten Deutschland und die UdSSR die Welt mit dem Hitler-Stalin-Pakt, und schon am 1. September 1939 fielen die Deutschen in Polen ein.

Sachs konnte Roosevelt Einsteins Brief und eine kurze, selbst angefertigte Zusammenfassung erst am Mittwoch, den 11. Oktober 1939, übergeben. Damit der Präsident nicht nur einen kurzen Blick auf den Brief werfen und ihn dann vergessen würde, las er ihn und sein eigenes Memo laut vor. »Alex, Sie wollen erreichen, dass die Nazis uns nicht in die Luft jagen?«, fragte der Präsident. »Genau!«, antwortete Sachs. »Das erfordert Taten«, erwiderte Roosevelt und ließ auf der Stelle seinen persönlichen Assistenten kommen.

Ein sofort gegründetes Komitee sollte alle wissenschaftlichen Erkenntnisse zur Bombe sammeln. Als es im Oktober in Washington zusammentrat, war Einstein nicht dabei. Ironischerweise als Sicherheitsrisiko eingestuft, galt er für eine Mitarbeit als nicht vertrauenswürdig genug – obwohl die Warnung und Aufforderung zum Bau der Bombe den Präsidenten unter seinem Namen erreicht hatte.

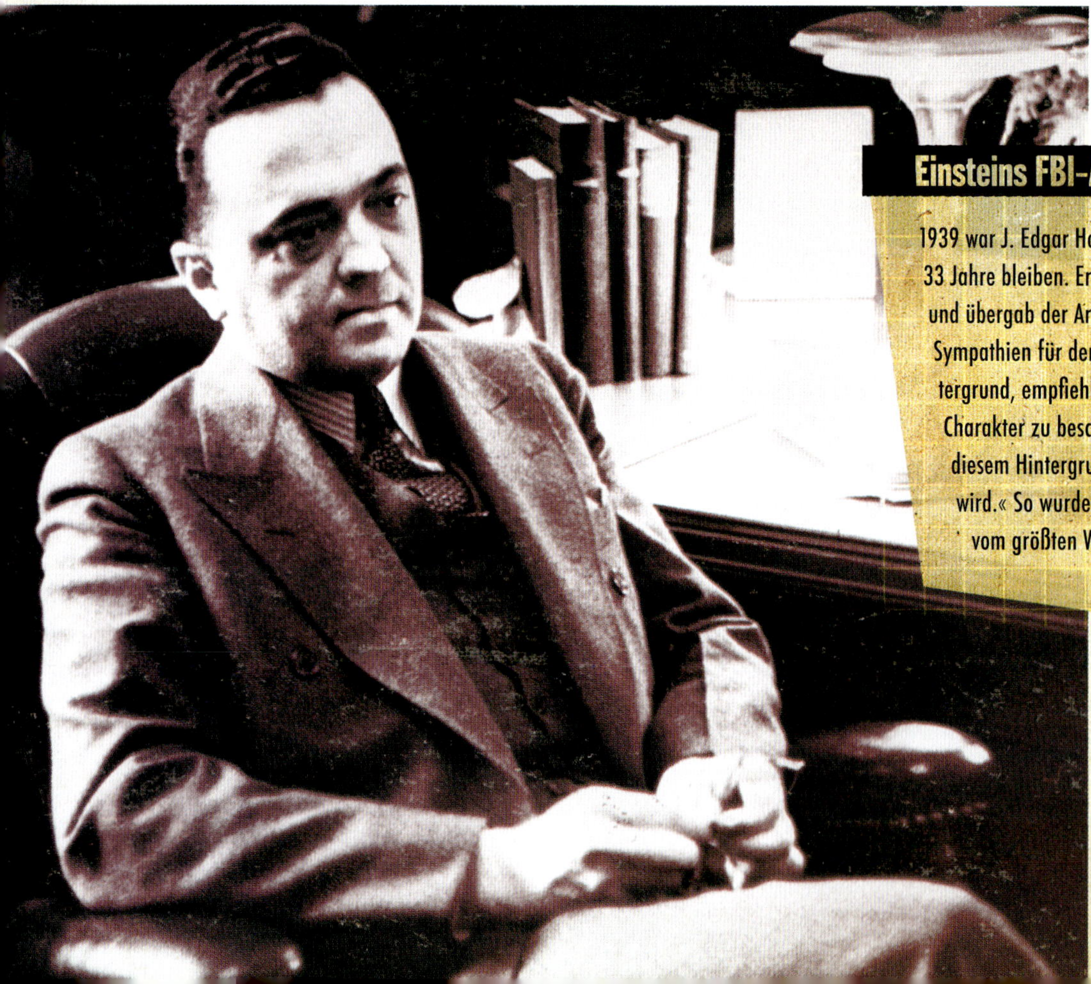

LINKS: *J. Edgar Hoover 1939 in seinem FBI-Büro. Als Einstein 1933 in die USA kam, legte Hoover eine Akte über ihn an.*

Einsteins FBI-Akte

1939 war J. Edgar Hoover seit über 15 Jahren Direktor des FBI und sollte es noch 33 Jahre bleiben. Er wollte verhindern, dass Einstein Geheimnisträger wurde, und übergab der Armee deshalb Einsteins FBI-Akte, die dessen Pazifismus und Sympathien für den Sozialismus belegte. »Im Hinblick auf seinen radikalen Hintergrund, empfiehlt dieses Büro, Dr. Einstein nicht für Aufgaben mit geheimem Charakter zu beschäftigen […] Es scheint unwahrscheinlich, dass jemand mit diesem Hintergrund in so kurzer Zeit ein loyaler amerikanischer Bürger wird.« So wurde der genialste Wissenschaftler in den Vereinigten Staaten vom größten Wissenschaftsprojekt des Landes ausgeschlossen.

FAKSIMILE:
Einsteins Brief, in dem er Präsident Roosevelt vor Deutschlands möglicher Entwicklung von Atomwaffen warnt.

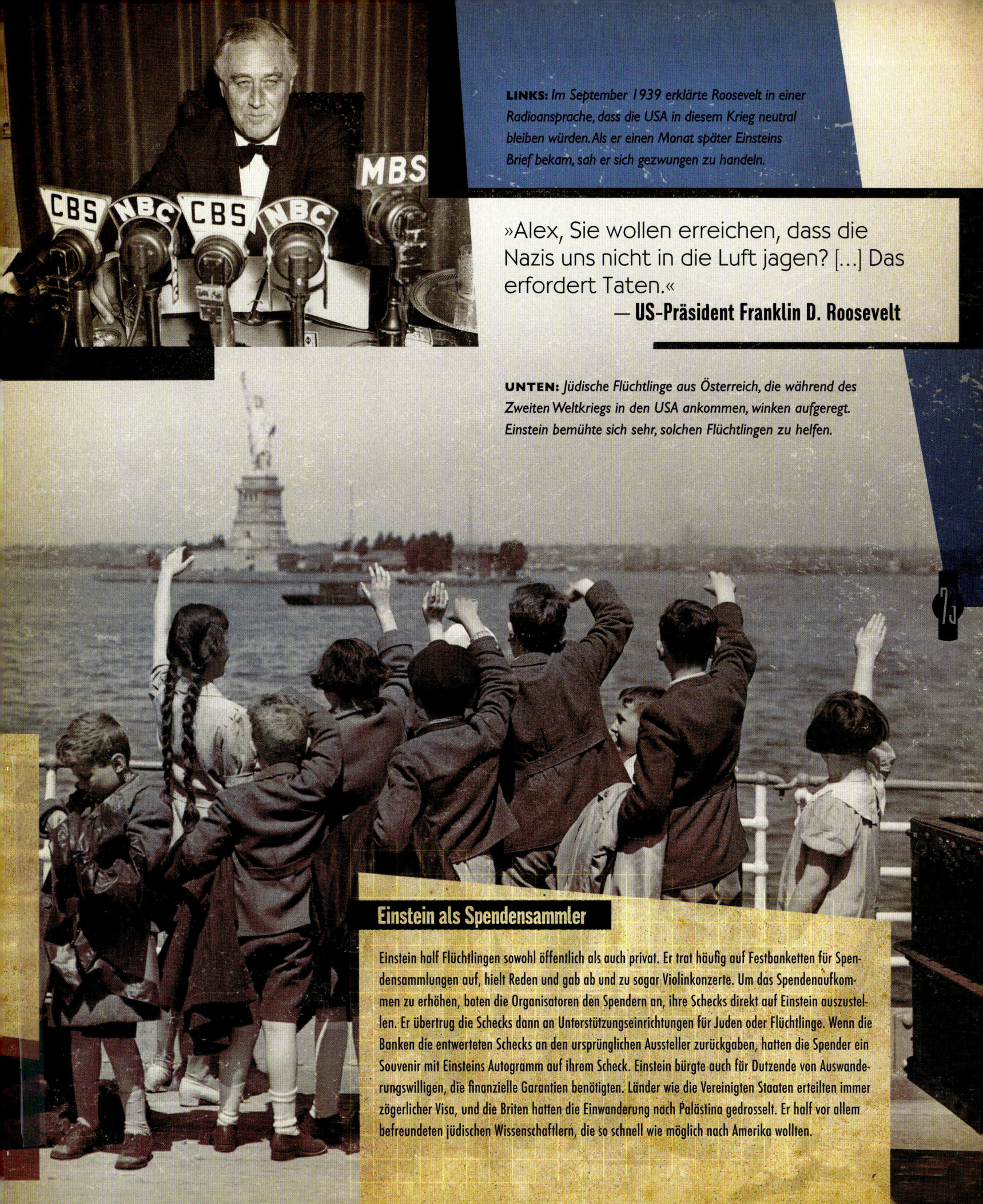

LINKS: *Im September 1939 erklärte Roosevelt in einer Radioansprache, dass die USA in diesem Krieg neutral bleiben würden. Als er einen Monat später Einsteins Brief bekam, sah er sich gezwungen zu handeln.*

»Alex, Sie wollen erreichen, dass die Nazis uns nicht in die Luft jagen? [...] Das erfordert Taten.«
— **US-Präsident Franklin D. Roosevelt**

UNTEN: *Jüdische Flüchtlinge aus Österreich, die während des Zweiten Weltkriegs in den USA ankommen, winken aufgeregt. Einstein bemühte sich sehr, solchen Flüchtlingen zu helfen.*

Einstein als Spendensammler

Einstein half Flüchtlingen sowohl öffentlich als auch privat. Er trat häufig auf Festbanketten für Spendensammlungen auf, hielt Reden und gab ab und zu sogar Violinkonzerte. Um das Spendenaufkommen zu erhöhen, boten die Organisatoren den Spendern an, ihre Schecks direkt auf Einstein auszustellen. Er übertrug die Schecks dann an Unterstützungseinrichtungen für Juden oder Flüchtlinge. Wenn die Banken die entwerteten Schecks an den ursprünglichen Aussteller zurückgaben, hatten die Spender ein Souvenir mit Einsteins Autogramm auf ihrem Scheck. Einstein bürgte auch für Dutzende von Auswanderungswilligen, die finanzielle Garantien benötigten. Länder wie die Vereinigten Staaten erteilten immer zögerlicher Visa, und die Briten hatten die Einwanderung nach Palästina gedrosselt. Er half vor allem befreundeten jüdischen Wissenschaftlern, die so schnell wie möglich nach Amerika wollten.

Obwohl Einstein nicht am Manhattan-Projekt beteiligt war, sah ihn die Öffentlichkeit doch in engem Zusammenhang mit der Atombombe. Einige Monate nach dem Einsatz dieser Waffe gegen Japan im Jahr 1945 setzte ihn die *Time* aufs Titelbild, mit einem Atompilz hinter ihm, in dem $E = mc^2$ zu lesen war. Die *Newsweek* titelte mit ihm als »The Man Who Started It All« – dem Mann, mit dem alles begann. Die US-Regierung förderte diese Auffassung. Sie veröffentlichte eine offizielle Historie des Atombombenprojekts, die dem Brief, in dem Einstein Präsident Franklin D. Roosevelt vor dem zerstörerischen Potenzial der atomaren Kettenreaktion warnte, viel Gewicht gab.

All dies ärgerte Einstein. Der *Newsweek* sagte er, dass er im Nachhinein betrachtet und in dem Wissen, dass Deutschlands Atomprogramm zum Scheitern verurteilt war, Roosevelt nicht dazu ermuntert hätte, Amerika seine eigene Atombombe entwickeln zu lassen. Sein Unmut über die Atombombe

– und die indirekte Rolle, die er bei ihrer Erfindung gespielt hatte – veranlasste ihn jedoch nicht, wieder zum Pazifisten zu werden. Stattdessen widmete er sich noch intensiver der Notwendigkeit eines Systems des Weltföderalismus und dessen vielfältigem Nutzen. Seiner Meinung nach war eine Form globaler Regierung die einzige Chance zur Rettung der Menschheit. Er glaubte, dass souveräne, sich selbst überlassene Staaten weiterhin aufrüsten würden und dass Spannungen zwischen ihnen unvermeidlich zu Weltkriegen führen müssten.

Einstein hatte von nun an zwei Passionen, die beide seinen Glauben an eine Ordnung mit weniger Gesetzen und Vorschriften reflektierten: seine Suche nach einer einheitlichen Feldtheorie, die die Kräfte der Natur vereinte, und seinen Einsatz für ein globales Regierungssystem, das den nationalistischen atomaren Wettstreit verhindern würde. Seine Motivation für Letzteres beruhte auf seinem Schuldgefühl wegen seiner Rolle beim Atombombenprojekt.

Rüstungskontrolle

LINKS: *Am 6. August 1945 wurde Hiroshima die erste japanische Stadt, über der eine Atombombe abgeworfen wurde. Sie tötete 70 000 bis 80 000 Menschen, verletzte weitere 70 000 und zerstörte alles innerhalb eines Radius von 1,6 Kilometern.*

Bei einem Dinner des Nobelpreiskomitees in Manhattan sagte Einstein, dass Alfred Nobel den Preis als eine Art Wiedergutmachung für seine Herstellung des bis dahin tödlichsten Sprengstoffs gestiftet hätte und dass er selbst jetzt das Bedürfnis nach Buße habe. Er war der Meinung, dass die Physiker, die an Atombombenprojekten beteiligt waren, mitverantwortlich für deren Konsequenzen waren und sich schuldig fühlen müssten.

Einsteins Theorie eines weltweiten Föderalismus sah eine globale »Regierung« oder »Autorität« mit einem Monopol auf die Ausbildung des Militärs vor. Er nannte dies eine »supranationale« anstelle einer »internationalen« Organisation, da sie den Mitgliedsnationen übergeordnet wäre, statt

William Golden (1909–2007)

William Golden, der für die Atomic Energy Commission arbeitete und für den Außenminister George Marshall einen Bericht über Rüstungskontrolle erstellen sollte, besuchte Einstein in Princeton. Der Physiker sagte, Washington versuche nicht nachdrücklich genug, die Sowjetunion von seinen Plänen zur Rüstungskontrolle zu überzeugen. Golden schrieb in seinem Bericht, Einstein habe mit nahezu kindlicher Hoffnung auf Erlösung und ohne den Eindruck zu erwecken, die Details seiner Erlösung durchdacht zu haben, gesprochen. Es überrasche ihn und zugleich auch wieder nicht, dass Einstein außerhalb seines Metiers, der Mathematik, im Bereich der internationalen Politik eher naiv schien. Der Mann, der das Konzept einer vierten Dimension vorgestellt hatte, könne nur in zweien davon über die Weltregierung denken.

als Vermittler zwischen ihnen zu agieren. Er erklärte seine Ansichten in Briefen an den Nachrichtensprecher Raymond Gram Swing. Der Journalist verwendete diese für einen Artikel im Magazin *The Atlantic* vom November 1945 mit dem Titel »Atomic War or Peace«.

Die neue Weltregierung, so Einstein, sollte von den Vereinigten Staaten, Großbritannien und der UdSSR gebildet werden, die wiederum andere Länder einladen sollten, beizutreten. Die USA sollten dann das »Geheimnis der Bombe« der neuen Weltorganisation anvertrauen.

Der Beginn des Kalten Kriegs machte dies jedoch schwierig. Ende 1945 klagten die USA die Sowjetunion wegen der Einsetzung prosowjetischer kommunistischer Regime in Polen und anderen osteuropäischen Ländern an, die die Rote Armee nach dem Zweiten Weltkrieg besetzt hatte. Die sowjetische Regierung sah sich in der Folge von feindlichen Mächten umgeben und wollte sich eine Pufferzone schaffen. Sie war geradezu paranoid bezüglich jedes Versuchs von außen, sich in ihre innenpolitischen Belange einzumischen, und deshalb sehr misstrauisch gegenüber allen Vorschlägen zu einer globalen Regierung, die

ihre Macht im eigenen Land schwächen könnte. Einstein versuchte, sie zu beschwichtigen. Er erklärte, dass seine Weltregierung keineswegs die liberale Demokratie westlichen Stils in den Sowjetblock exportieren wolle. Er wollte nicht, dass die drei Großmächte ihre konstitutionellen Strukturen veränderten, und war der Meinung, dass die Übernahme der westlichen Demokratie keineswegs Voraussetzung für den Beitritt seiner erhofften Weltsicherheitsorganisation sei.

Um diese Idee voranzutreiben, wurde Einstein Vorsitzender des neu gegründeten Emergency Committee of Atomic Scientists, das sich sowohl für die Kontrolle nuklearer Waffen als auch für die Ideale einer Weltregierung einsetzte. Einstein erklärte, dass die Stärke der Atombombe alle traditionellen militärischen, politischen und strategischen Möglichkeiten übersteige und dass die Gefahr einer globalen Katastrophe nur allzu real war.

Weit entfernt von der Naivität, die ihm einige US-Politiker zuschrieben, hatte Einstein einen kühlen Blick für die Natur des Menschen, der daher rührte, dass er in der ersten Hälfte des 20. Jahrhunderts in Deutschland gelebt hatte. Das machte ihn zum ultimativen Realisten. Es war diese Einschätzung der menschlichen Natur und nicht wirrköpfige Naivität, die Einstein zum Verfechter einer weltweiten Militärmacht machte. Die einzige realistische Alternative zu einer Weltregierung, so verkündete er 1948, sei die völlige Zerstörung der Menschheit. Auf die Frage, wie seiner Meinung nach der nächste Weltkrieg aussähe, antwortete er: Wie der Dritte Weltkrieg werden würde, könne er nicht sagen; der Vierte Weltkrieg aber würde mit Sicherheit wieder mit den Waffen der Steinzeit geführt werden.

Wenn Einstein naiv wirkte, dann nur, weil er keine Zeit für Kompromisse und politische Halbheiten hatte. Physiker modifizieren ihre Gleichungen nicht, damit sie akzeptiert werden – entweder sind sie richtig oder eben nicht. Dieses Entweder-oder macht Wissenschaftler zu schlechten Politikern. Einsteins Eintreten für etwas vollkommen Neues – eine Weltregierung mit dem Monopol auf Nuklearwaffen – hatte Ähnlichkeit mit seinen wissenschaftlichen Durchbrüchen. Dazu gehörte es, fantasievoll genug zu sein, etablierte Thesen abzuschaffen, die andere für Wahrheiten hielten. Jahrhundertelang bildete die absolute Beschaffenheit von Zeit und Raum das Fundament der wissenschaftlichen Vorstellung des Kosmos; in ähnlicher Weise galten die Souveränität und militärische Autonomie der Nationen als Grundlage der politischen Ordnung. Der Plan, dies alles umzuwerfen, schien zunächst das Produkt eines nonkonformistischen Geistes. Doch wie bei vielen Ideen Einsteins, hätte er sich, wäre man seinen Vorschlägen gefolgt, als weniger revolutionär erwiesen als erwartet.

Philippe Halsmans Foto von Einstein

Philippe Halsman (1906–1979) war einer der berühmtesten Porträtfotografen seiner Zeit. Ein weiterer Jude, der vor den Nationalsozialisten fliehen musste und dem Einstein zu Hilfe kam, als er in Österreich wegen der angeblichen Ermordung seines Vaters im Gefängnis saß. Das Urteil war jedoch durchtränkt von Antisemitismus. 1947, als er Einstein fragte, ob es je dauerhaften Frieden in der Welt geben werde, schoss er ein Foto von dem Wissenschaftler. Einstein antwortete, dass es überall, wo es Menschen gibt, auch Krieg geben würde. Genau in diesem Augenblick drückte Halsman auf den Auslöser und schuf eines der bekanntesten Fotos von Einstein mit dem traurig-wissenden Blick. Dieses Bild zierte eine US-Briefmarke des Jahres 1966.

75

Zur gleichen Zeit, in der ihm das FBI eine Unbedenklichkeitsbescheinigung verweigerte, verhielt sich Einstein so, wie er es 40 Jahre lang nicht getan hatte. Auf eigenen Wunsch und aus einer Art Stolz heraus bewarb er sich um die amerikanische Staatsbürgerschaft. Zwar hatte er keinen deutschen Pass mehr, dafür aber die Schweizer Staatsbürgerschaft – er hätte also nicht unbedingt US-Bürger werden müssen. Doch er wollte es.

Bürgerrechte

Am 22. Juni 1940 erschien Einstein in Trenton vor einem Bundesrichter zum Einbürgerungstest. Er bestand und legte am 1. Oktober den Treueeid auf die USA ab, zusammen mit 88 anderen Neubürgern, darunter seine Stieftochter Margot und seine Sekretärin Helen Dukas. Anwesenden Reportern gegenüber rühmte Einstein überschwänglich das Land, dessen neuer Bürger er nun war: Die Vereinigten Staaten demonstrierten eine Demokratie, die nicht nur eine Regierungsform darstelle, sondern darüber hinaus auch untrennbar mit der amerikanischen Tradition moralischer Stärke verbunden sei.

Was Einstein an Amerika am meisten schätzte – vor allem im Vergleich mit Europa –, war, dass es zum größten Teil frei von rigiden Klassenhierarchien und Abgrenzungen war. In seinen ersten Briefen aus Princeton an Freunde in England hatte er diese Besonderheit bereits bewundert. Als er die USA besser kennenlernte, lobte er die Toleranz gegenüber freiem Denken und Reden sowie die Akzeptanz von Nonkonformismus. Diese Charakterzüge hatten sein wissenschaftliches Denken geprägt und bildeten nun das Fundament seiner Ansichten über Bürgerrechte. Das Recht der Amerikaner auf freie Meinungsäußerung machte das Leben in diesem Land für ihn so wertvoll.

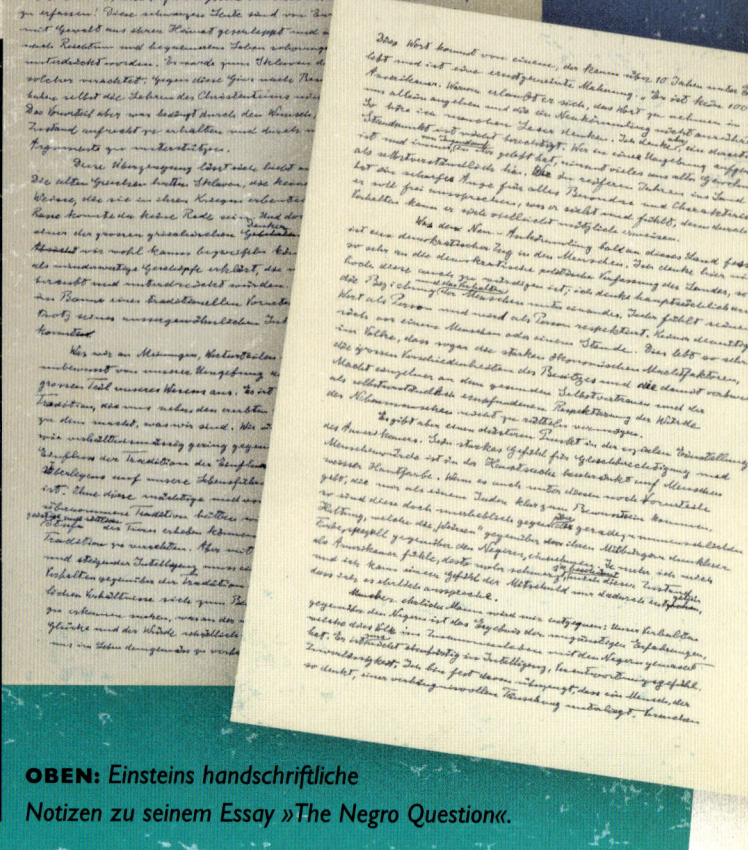

OBEN: *Einsteins handschriftliche Notizen zu seinem Essay »The Negro Question«.*

Seit seiner Studienzeit in der Schweiz hielt Einstein an bestimmten politischen Prämissen fest. Er befürwortete zwar eine sozialistische Wirtschaftsstrategie, aber vor allem auch individuelle Freiheit und starke demokratische Institutionen. Zu seinen Freunden gehörten viele führende Figuren des demokratischen Sozialismus in Großbritannien und den USA, etwa Bertrand Russell und Norman Thomas. 1949 erläuterte er seine politischen Ansichten in einem Artikel (»Why Socialism?«) für die Erstausgabe des *Monthly Review*.

Der Kapitalismus verursachte laut Einstein von Natur aus Boom-Bust-Zyklen und verstärkte die Kluft zwischen Arm und Reich. Statt Zusammenarbeit zu fördern, ermuntere er zu egoistischem Verhalten als Mittel der Selbsterhaltung. Die Glorifizierung von Reichtum als Selbstzweck und die Missachtung von philanthropischem Verhalten lehnte er ab. Die Ausbildung im kapitalistischen System konzentriere sich zu sehr auf die Karriere statt auf kreatives Denken.

Einstein wird Amerikaner

Im Rahmen seiner Einbürgerung in die USA sagte Einstein zu, in der Radiosendung »I Am an American« der Einwanderungsbehörde mitzuwirken. Er aß mit dem Richter zu Mittag, während das Rundfunkteam seine Zimmer so zurechtmachte, dass sich der berühmte Wissenschaftler wohlfühlte. Einstein lieferte einen formidablen Auftritt ab, ein Vorbote der Art von unverblümtem, frei sprechendem Bürger, der er sein wollte. Einmal mehr forderte er – und diesmal vor großem Publikum –, die Nationen sollten einen Teil ihrer Souveränität an eine internationale Regierung mit Militärmacht abgeben. Es sei sinnlos, so erklärte er, ein globales Militär zu haben, das aber die Sicherheitskräfte seiner Mitgliedsstaaten nicht vollständig kontrolliere. Eine solche Organisation könne niemals weltweiten Frieden sicherstellen.

OBEN: *Einstein legt den Treueeid auf die Vereinigten Staaten ab, um US-Bürger zu werden. Links von ihm Helen Dukas, rechts seine Stieftochter Margot.*

THE UNITED STATES OF AMERICA

ORIGINAL
TO BE GIVEN TO
THE PERSON NATURALIZED

No. 5013865

CERTIFICATE OF NATURALIZATION

Petition No. 4009

Personal description of holder as of date of naturalization: Age 61 years; sex Male ; color White ; complexion Medium ; color of eyes Brown ; color of hair Grey ; height 5 feet 7 inches; weight 175 pounds; visible distinctive marks None

Marital status Widower ; former nationality German

I certify that the description above given is true, and that the photograph affixed hereto is a likeness of me.

sign here

Albert Einstein
(Complete and true signature of holder)

United States of America } ss:
District of New Jersey

Be it known that **ALBERT EINSTEIN**
then residing at 112 Mercer St., Princeton, New Jersey
having petitioned to be admitted a citizen of the United States of America, and at a term of the DISTRICT Court of THE UNITED STATES held pursuant to law at Trenton, New Jersey on October 1st 19 40 the court having found that the petitioner intends to reside permanently in the United States, had in all respects complied with the Naturalization Laws of the United States in such case applicable, and was entitled to be so admitted, the court thereupon ordered that the petitioner be admitted as a citizen of the United States of America.

In testimony whereof the seal of the court is hereunto affixed this 1st day of October in the year of our Lord nineteen hundred and forty and of our Independence the one hundred and sixty-fifth.

[photograph]

Albert Einstein
seal

Benjamin F. Havens
Clerk of the U. S. District Court.

By Hazel K. Fries Deputy Clerk.

"This is a personal document and it is a breach of the U. S. Code (and punishable as such) to copy, print, photograph or otherwise illegally use it."
See other side

DEPARTMENT OF LABOR

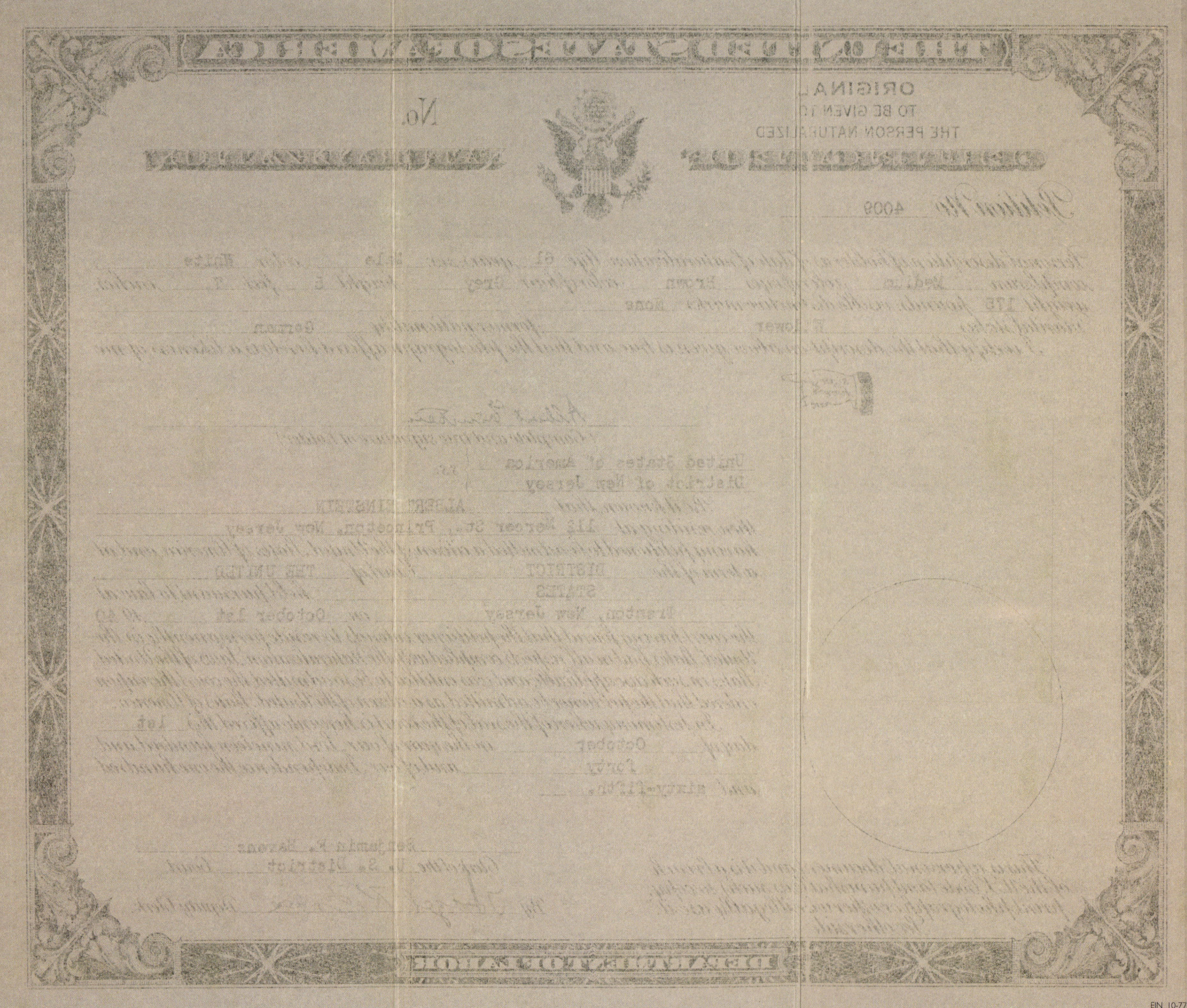

Dies alles könne man vermeiden, so Einstein, wenn das momentane System durch eine soziale Ökonomie ersetzt und zugleich Schutzmaßnahmen gegen die Einschränkung persönlicher Freiheit ergriffen würden. Für ihn sei der beste Weg zur Sicherung vernünftiger Lebensumstände für alle Bürger eine Planwirtschaft, in der jedwede Arbeit dem zugeteilt wird, der dafür am besten geeignet ist, und in der sich die Produktion danach richtet, was die Gemeinschaft aktuell braucht. Die Ausbildung in solch einer Kulturwelt würde sich – neben dem Erwerb grundlegender Fähigkeiten – auf Verantwortungsgefühl gegenüber Mitbürgern konzentrieren statt auf den Kult um Geld und Macht, der in der momentanen Gesellschaft herrsche.

Einstein fügte jedoch auch hinzu, dass eine solche Planwirtschaft dazu tendiere, bürokratisch zu werden und die persönliche Freiheit einzuschränken, was in der Sowjetunion und anderen kommunistischen Ländern bereits geschehen sei. Er warnte davor, dass die Planwirtschaft den Einzelnen zu Unterwürfigkeit erziehen könnte. Es sei enorm wichtig, so Einstein, dass sich aufgeklärte Sozialdemokraten zwei Schlüsselfragen stellen: Wie schafft man es, dass die Bürokratie nicht die Initiative des Einzelnen unterdrückt? Und wie garantiert man den Schutz persönlicher Rechte?

Die Bewahrung der Rechte des Individuums war der Kern von Einsteins politischer Philosophie. Ohne persönliche Freiheit konnte Kreativität nicht gedeihen, und die Fantasie in Kunst und Wissenschaft würde verkümmern. Den Gedanken, dass der Staat die Freiheit des Einzelnen hinsichtlich persönlicher, politischer oder beruflicher Aktivitäten einschränkt, fand er schlicht abstoßend.

Diese Ansichten prägten seine Sicht auf Bürgerrechte. Schnell wurde er, nachdem er nach Princeton gekommen war, ein ausgesprochener Gegner der Rassendiskriminierung in Amerika. Zu jener Zeit gab es in den Kinos noch immer eigens ausgewiesene Bereiche für Schwarze, in Kaufhäusern war es Afroamerikanern sogar verboten, Schuhe oder Kleidung anzuprobieren. Die Studentenzeitung von Princeton musste noch immer zugeben, der Zugang für Schwarze zu den Hochschulen sei »ein nobler Gedanke, aber die Zeit dafür ist noch nicht gekommen«.

Als Jude, der in Deutschland aufgewachsen war, fühlte Einstein mit jenen, die so diskriminiert wurden. In einem Essay mit dem Titel »The Negro Question« für die Zeitschrift *Pageant* stellte er fest: Je mehr er sich als Amerikaner fühlte, umso mehr peinigte ihn diese Herabsetzung anderer Amerikaner. Die einzige Art, mit der Situation umzugehen, war für Einstein, sich laut dagegen auszusprechen.

Mit vielerlei Gesten zeigte Einstein sein Missfallen an der Rassentrennung. So lud er etwa die afroamerikanische Opernsängerin Marian Anderson ein, nach einem Konzert in Princeton bei ihm zu nächtigen, nachdem das hiesige Nassau Inn ihr ein Zimmer verweigert hatte. Danach wohnte Anderson bei jedem Princeton-Aufenthalt bei Einstein, letztmals zwei Monate vor seinem Tod.

OBEN: *Horace Mann Bond verleiht Einstein im Mai 1946 die Ehrendoktorwürde der Lincoln University.*

Einsteins Ehrendoktortitel

Einstein wurden zahlreiche Ehrendoktorwürden angetragen, er nahm aber nur wenige persönlich entgegen. Dies war der Fall an der Lincoln University, einer Hochschule für Schwarze in Pennsylvania. Er kleidete sich für diesen Anlass nicht eben feierlich, sondern kam, wie es für ihn typisch war, in einer zerschlissenen grauen Jacke mit Fischgrätmuster. Er hielt vor den Studenten eine Vorlesung und erklärte an einer Tafel geduldig seine Relativitätsgleichungen. Danach wetterte er in seiner Dankesrede gegen die Rassentrennung als gedankenlose Übernahme uralter Vorurteile. Um dagegen anzugehen, wollte er den 6-jährigen Sohn des Universitätspräsidenten Horace Bond treffen. Der Junge, Julian, wurde später Senator des Staates Georgia, Anführer der Bürgerrechtsbewegung und Vorsitzender der NAACP (National Association for the Advancement of Colored People).

OBEN: *Marian Anderson singt 1947 in der Carnegie Hall. Einstein und Anderson waren von 1937 bis zu seinem Tod befreundet.*

Die endlose Suche

Seit Mitte der 1920er-Jahre hatte Einstein versucht, die Quantenmechanik mithilfe von Gedankenexperimenten zu hinterfragen. Er lehnte die Vorstellung ab, dass der Natur eine Unbestimmtheit innewohnt. Auf der Suche nach den zugrunde liegenden kausalen Zusammenhängen entwickelte er hypothetische Experimente, um das Verhalten von Teilchen theoretisch zu bestimmen. Doch Bohr und Heisenberg verteidigten die Quantenmechanik, indem sie Fehler in Einsteins Gedanken nachwiesen.

Zu Einsteins besonders beliebten Angriffszielen zählte Heisenbergs Unschärferelation. Dieser zufolge können der Ort und Impuls eines Teilchens nicht gleichzeitig genau bestimmt werden, und schon der Vorgang der Beobachtung beeinflusst das Beobachtete. 1933 besuchte Einstein einen Vortrag des belgischen Physikers Léon Rosenfeld. In einer Frage an ihn postulierte Einstein eine Situation, in der sich zwei Teilchen mit einem großen Impuls aufeinander zubewegen und an einem feststellbaren Ort sehr kurze Zeit miteinander wechselwirken. Nachdem sich die Teilchen wieder weit voneinander entfernt haben, wird der Impuls eines der Teilchen von einem Beobachter gemessen. In diesem vorgegebenen Rahmen des Versuchs könnte ein Beobachter aus der Messung des Impulses des einen Teilchens den Impuls des anderen Teilchens berechnen und genauso den Ort, wenn er den Ort eines der Teilchen kennt. Für Einstein konnte man damit Ort und Impuls eines Teilchens bestimmen, ohne dies direkt zu beobachten.

Mithilfe seiner beiden Institutskollegen Boris Podolski und Nathan Rosen arbeitete Einstein an seinen Gedankenexperimenten weiter.

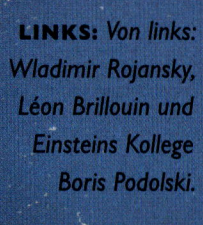

OBEN: *Léon Rosenfeld (rechts) und der deutsche Physiker Walter Heitler.*

LINKS: *Von links: Wladimir Rojansky, Léon Brillouin und Einsteins Kollege Boris Podolski.*

Zusammen schrieben sie einen Aufsatz über den »EPR-Effekt«, der im Mai 1935 mit dem fragenden Titel »Kann die quantenmechanische Beschreibung der physikalischen Realität als vollständig betrachtet werden?« erschien.

Einstein und seine Ko-Autoren erweiterten das oben beschriebene Gedankenexperiment, in dem gezeigt wurde, dass die zusammenstoßenden Teilchen miteinander wechselwirken. Sie führten an, dass durch die Messung des Orts des ersten Teilchens der des zweiten genau bestimmt werden könnte. Dieses Prinzip sei auch auf die Bestimmung des Impulses des jeweils anderen Teilchens übertragbar. Da man zu jedem Zeitpunkt die eine Eigenschaft des ersten Teilchens messen und somit die des zweiten bestimmen könnte und damit auch Ort und Impuls, schlossen sie daraus, dass beides richtig sein müsse, auch wenn man es nicht beobachtet hat. Da sich nach der Quantenmechanik nicht gleichzeitig beide Teilcheneigenschaften genau bestimmen ließen, kamen sie zu dem Schluss, dass die Quantenmechanik keine vollständige Beschreibung der Realität liefern könne.

Der einzige Weg diese Schlussfolgerung zu widerlegen, fuhren die Autoren weiter fort, wäre zu behaupten, dass schon die Messung des einen Teilchens den Ort oder den Impuls des anderen Teilchens beeinflussen würde. Diese Behauptung wäre ihrer Meinung nach aber schlicht unvernünftig. Der führende Quantenmechaniker Niels Bohr konnte diesen wie alle anderen Angriffe Einsteins abwehren: Wenn Einstein Bohrs Vorstellung, dass die Teilchen wechselwirkten oder »verschränkt« seien, ablehne und glaube, dass die Beobachtung eines Teilchens nicht gleichzeitig auch die Realität des anderen Teilchens beeinflusste, dann habe Einstein recht. Doch über die Jahre hinweg konnten die Wissenschaftler nachweisen, dass es das Phänomen gibt, das Einstein als »spukhafte Fernwirkung« abtat.

Der Physiker Erwin Schrödinger war ein Pionier der Quantenmechanik. Trotzdem hatte auch er Zweifel. Als er den EPR-Artikel las, gratulierte er Einstein sofort dafür, »die dogmatische Quantenmechanik auch öffentlich beim Schlafittchen erwischt« zu haben. Die beiden ehemaligen Rebellen räumten ein, dass sie mit zunehmendem Alter immer mehr an den klassischen Fundamenten der Physik hingen. Die Ungezwungenheit der Jugend verwandle sich im Alter oft in extremen Konservativismus, schrieb Einstein zurück, die radikalen Unruhestifter würden zu Säulen der Gesellschaft.

Die beiden tüftelten ein weiteres Gedankenexperiment aus, um die Grundlagen der Quantenmechanik zu erschüttern. Sie verfolgten dabei die Frage, wie sich die Quantenwelt mit ihren subatomaren Teilchen auf die Makrowelt des täglichen Lebens auswirken würde.

Der Ort eines Teilchens kann in der Quantenwelt nicht zu einem beliebigen Zeitpunkt genau bestimmt werden. Man kann lediglich eine Wellenfunktion erstellen, eine mathematische Beschreibung der Wahrscheinlichkeit, mit der sich ein Teilchen an einem bestimmten Ort aufhält. Mit solchen Wellenfunktionen werden auch die sogenannten Zustände beschrieben – etwa die Wahrscheinlichkeit, ob ein Atom, wenn man es beobachtet, zerfallen ist oder nicht. Laut der Kopenhagener Deutung der Schule um Niels Bohr und Werner Heisenberg ist die einzige Realität, die ein Teilchen hinsichtlich seines Ortes und seines Zustandes bis zu seiner Beobachtung besitzt, genau diese Wahrscheinlichkeit.

Einstein schlug Schrödinger ein Gedankenexperiment vor. Ein Haufen Schießpulver verbrennt zu einer beliebigen Zeit, da ein Teilchen darin instabil ist. Die Quantenmechanik würde das sowohl als ein bereits explodiertes System sehen als auch als System, das gerade verbrennt. In der Realität ist das ganz klar unmöglich: Entweder es ist explodiert oder nicht. Schrödinger wandelte die Idee etwas plastischer ab, um die Absonderlichkeit der Vorstellung von der Unbestimmtheit zu verdeutlichen. Er stellte sich vor, was mit einer hypothetischen Katze geschehen würde – Schrödingers Katze:

»Eine Katze ist in einer Stahlkammer eingeschlossen. Darin befindet sich auch ein Geigerzähler mit einer winzigen Menge radioaktiver Substanz, so wenig, dass im Laufe einer Stunde vielleicht eines von den Atomen zerfällt, ebenso wahrscheinlich aber auch keines. Wenn der Geigerzähler den Zerfall misst, löst er ein Hämmerchen, das ein Kölbchen mit Blausäure zertrümmert. Wenn man das System für eine Stunde sich selbst überlässt, lebt die Katze noch, wenn kein Atom zerfallen ist. Nach der beschreibenden Wellenfunktion des ganzen Systems wäre in ihm die lebende und die tote Katze (entschuldigen Sie den Ausdruck) zu gleichen Teilen gemischt oder verschmiert.«

Für Einstein hatte Schrödinger damit die Quantenmechanik ins Herz getroffen. Eine Wellenfunktion, die eine zugleich lebende und tote Katze beinhaltete, war ganz offensichtlich keine Beschreibung einer möglichen Realität. Doch noch nicht einmal die geballte Intelligenz von Einstein und Schrödinger zusammen konnte die Quantenmechanik widerlegen.

Auch auf dem Weg zu einer einheitlichen Feldtheorie machte Einstein keine Fortschritte. Mit dieser Theorie wollte er die Grundkräfte verbinden, die Quantentheorie mit der Relativitätstheorie aussöhnen und alle Unbestimmtheiten der Quantenmechanik beseitigen. Einstein sandte jeden Versuch zu einer einheitlichen Feldtheorie an Schrödinger – für ihn der einzige Kollege, der nicht der Unbestimmtheit verfallen war. Doch letztlich führten alle in eine Sackgasse. Einstein klagte bei Schrödinger darüber, dass er in jeden Versuch endlos viel Zeit gesteckt und am Ende nur ein großes Durcheinander produziert hätte.

Dennoch arbeitete Einstein weiter und beschrieb Berge von Papier zu diesem Thema. Gelegentlich schaffte er es in die Schlagzeilen. Als er einen der vielen Aufsätze veröffentlichte, widmete *The New York Times* ihre Titelseite seinen Gleichungen unter der Schlagzeile: »Neue Einstein-Theorie liefert Schlüssel zum Universum; Wissenschaftler entwickelt nach 30 Jahren Arbeit Konzept, das verspricht, die Kluft zwischen Sternen und Atomen zu überbrücken.« Doch Einstein war klar, dass das Versprechen unerfüllt blieb.

In dreißig Jahren Forschung entdeckte Einstein nichts Greifbares mehr, das die Physik weitergebracht hätte. Sollte doch einmal eine einheitliche Feldtheorie entdeckt werden, dann wird Einsteins Beharrlichkeit vielleicht nicht mehr wie ein Kampf gegen Windmühlen erscheinen. Er selbst hat seine großen Anstrengungen dazu nie bedauert. Als ihn einer seiner Kollegen tadelte, dass er diesem aussichtslosen Unterfangen so viel Zeit opferte, antwortete er nur, dass er es der Mühe für wert hielt. Sein wissenschaftlicher Ruf war ihm sicher, er musste keine schnellen Ergebnisse erzielen und konnte es sich leisten, sich einer Sache zu widmen, für die es vielleicht gar keine Lösung gab.

Erwin Schrödinger (1887–1961)

Schrödinger wurde in Wien geboren und studierte dort theoretische Physik. Im Ersten Weltkrieg wurde seine Laufbahn durch den Dienst als Artillerieoffizier in der österreichischen Armee unterbrochen. Nach kurz befristeten Anstellungen an verschiedenen deutschen Universitäten arbeitete er ab 1921 als Professor für Physik in Zürich, bis er 1927 nach Berlin wechselte. In der Schweiz hatte er die nach ihm benannte Schrödinger-Gleichung entwickelt, die die räumliche und zeitliche Entwicklung des Zustands eines Quantensystems beschreibt. 1933 erhielt er dafür den Nobelpreis. Da er sich kritisch gegenüber den Nationalsozialisten äußerte, musste er 1933 nach Österreich zurückkehren und nach dem Anschluss Österreichs 1936 nach Irland fliehen. Dort blieb er 17 Jahre lang. In seiner späteren Karriere schreckte Schrödinger vor einigen Entwicklungen zurück, zu denen er mit seinen eigenen Arbeiten den Weg gebahnt hatte. Er unterstützte Einstein bei der Auseinandersetzung mit Niels Bohr und den unnachgiebigen Verfechtern der Quantenmechanik.

Einstein war ursprünglich nicht für die Gründung des Staates Israel. Er unterstützte die jüdische Immigration nach Palästina, glaubte aber nicht an einen jüdischen Nationalstaat, da jeglicher Nationalismus im Widerspruch zu seinen föderalistischen Ideen stand.

Für ein internationales Komitee, das nach dem Krieg in Washington tagte, sollte er die Situation der Juden in Palästina untersuchen. Die zionistischen Streiter für einen jüdischen Nationalstaat hofften, dass er nun angesichts der Gräuel des Holocaust ihr Anliegen unterstützen würde. Einstein widersetzte sich dem jedoch. Er sprach sich für eine verstärkte jüdische Immigration aus und warf den Briten vor, Feindseligkeiten zwischen Juden und Arabern zu schüren. Mit leiser Stimme, die die begeisterten Zionisten im Raum entmutigte, erklärte er, dass er sich der Idee eines jüdischen Nationalstaats nicht verbunden fühle, da er diesen nicht für notwendig erachte.

Mit der Gründung des Staates Israel 1948 änderte er diese Haltung jedoch. Wieder einmal war er als Wissenschafter bereit, seine Theorien neuen Fakten anzupassen. In einem Brief an einen Freund erklärte er, dass es zwar keine zwingenden wirtschaftlichen, politischen oder militärischen Argumente für einen jüdischen Staat gebe, dessen Gründung aber nicht mehr aufzuhalten sei.

Einsteins Freund Chaim Weizmann, der ihn 1921 zu seiner Triumphtour nach Amerika gebracht hatte, wurde Israels erster Präsident. Da in Israels parlamentarischer De-

Israel

OBEN: *Einstein spricht 1946 vor dem Anglo-American Committee über die Situation in Palästina.*

mokratie die meiste Macht beim Premier lag, war dies ein eher zeremonielles Amt. Als Weizmann im November 1952 starb, plädierten Presse und Öffentlichkeit für Einstein als dessen Nachfolger. Premierminister David Ben-Gurion entschied sich zögerlich für ein solches Angebot.

Als Einstein darüber in der *The New York Times* las, hielt er dies für einen Witz. Mit seiner Sekretärin Helen Dukas, seiner Schwester und seiner Schwiegertochter dachte er sich in einem albernen Spiel gerne aus, was er als Präsident machen und welche Personen er ernennen könnte. Die Nachrichten rissen jedoch nicht ab, und langsam nahm er die Angelegenheit ernster. Schließlich bat ihn Israels Botschafter in Washington, Abba Eban, um ein Treffen. Einstein beklagte sich bei einem Besucher über die peinliche Lage, in die ihn dies brächte. Und gegenüber Dukas meinte er, dass die weite Reise für Eban sinnlos sei, da seine Antwort unstößlich »Nein« laute.

In jener Zeit waren Ferngespräche noch unüblich, vor allem unter älteren Menschen. Es war deshalb ein Geistesblitz, als Dukas vorschlug, Botschafter Eban einfach an-

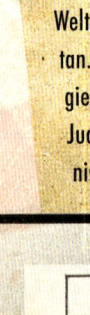

Einsteins Rede beim Manhattan Seder

Seinen Widerstand gegen die Gründung eines jüdischen Staates erklärte Einstein deutlich vor dem Zweiten Weltkrieg vor 3000 Gästen beim Seder – dem Festmahl vor dem Pessach-Fest – in einem Hotel in Manhattan. Ein jüdischer Staat seiner Vorstellung besaß weder Armee noch undurchlässige Grenzen und keine Regierung, die Gesetze durchsetzte. Tatsächlich würde dies alles Kostbare des Judentums zerstören. Für die Juden der Makkabäerzeit im 1. und 2. Jahrhundert v. Chr. sei ein eng gefasstes nationalistisches Verständnis überlebensnotwendig gewesen, in der Moderne sei eine solche Auffassung nicht mehr zeitgemäß.

OBEN:
The New York Times verkündet am 15. Mai 1948 auf der Titelseite die Gründung des Staates Israel.

November 17, 1952

Dear Professor Einstein:

The bearer of this letter is
Mr. David Goitein of Jerusalem who is now serving as Minister
at our Embassy in Washington. He is bringing you the question
which Prime Minister Ben Gurion asked me to convey to you,
namely, whether you would accept the Presidency of Israel
if it were offered you by a vote of the Knesset. Acceptance
would entail moving to Israel and taking its citizenship.
The Prime Minister assures me that in such circumstances
complete facility and freedom to pursue your great scientific
work would be afforded by a government and people who are
fully conscious of the supreme significance of your labors.

Mr. Goitein will be able to give you
any information that you may desire on the implications of
the Prime Minister's question.

Whatever your inclination or decision
may be, I should be deeply grateful for an opportunity to
speak with you again within the next day or two at any place
convenient for you. I understand the anxieties and doubts
which you expressed to me this evening. On the other hand,
whatever your answer, I am anxious for you to feel that the
Prime Minister's question embodies the deepest respect which
the Jewish people can repose in any of its sons. To this
element of personal regard, we add the sentiment that Israel
is a small State in its physical dimensions, but can rise to
the level of greatness in the measure that it exemplifies
the most elevated spiritual and intellectual traditions which
the Jewish people has established through its best minds and
hearts both in antiquity and in modern times. Our first
President, as you know, taught us to see our destiny in these
great perspectives, as you yourself have often exhorted us to
do.

Therefore, whatever your response to
this question, I hope that you will think generously of those
who have asked it, and will commend the high purposes and
motives which prompted them to think of you at this solemn
hour in our people's history.

With cordial personal wishes,

Yours respectfully,

Abba Eban

Abba Eban

Professor Albert Einstein
Princeton, N.J.

David Ben-Gurion (1886–1973)

David Ben-Gurion wurde als David Grün im zaristischen Polen geboren. Er wanderte in das zum Osmanischen Reich gehörende Palästina aus, wurde 1915 ausgewiesen und emigrierte in die USA. Der leidenschaftliche Zionist kehrte nach dem Ersten Weltkrieg nach Palästina zurück, das unter britischem Mandat stand. Ben-Gurion kämpfte unermüdlich für die Gründung eines jüdischen Staates – am 14. Mai 1948 rief er den Staat Israel aus, dessen erster Premierminister er wurde. Als Einstein nach Chaim Weizmanns Tod als möglicher Präsident gehandelt wurde, war es ihm offensichtlich klar, dass der Wissenschaftler für dieses Amt nicht geeignet war. Heimlich reagierte er erleichtert auf Einsteins Absage. Nur halb im Scherz vertraute er seinem Assistenten an, dass er sich vor einer Zusage des Wissenschaftlers gefürchtet hatte. Das Präsidentschaftsangebot an Einstein konnte unmöglich nicht erfolgen, doch dessen Zustimmung hätte eine ebenso unmögliche Situation geschaffen. Ben-Gurion blieb bis 1963 Israels Premierminister. 1956 führte er sein Land durch die Unruhen der Suezkrise.

RECHTS: *Einstein und Premierminister David Ben-Gurion entspannen in Einsteins Garten, 1951.*

zurufen. Für sie selbst überraschend gelang es ihr, Ebans Nummer herauszufinden und ihn direkt mit Einstein zu verbinden. Dieser erklärte dem Botschafter dann, dass er einfach die falsche Person für dieses Amt sei und das Angebot ablehnen müsse.

»Ich kann meiner Regierung nicht sagen, dass Sie mir telefonisch abgesagt haben«, erwiderte Eban. »Ich muss das Protokoll einhalten und die Bitte offiziell überbringen.«

Eban sandte einen Stellvertreter mit einer offiziellen Anfrage nach Princeton. Darin hieß es, dass das Amt nicht viel Arbeit bedeute und die »Möglichkeiten der freien Fortführung Ihrer großen wissenschaftlichen Forschungsarbeit geboten werden würden, denn Regierung wie Volk sind sich der überragenden Bedeutung Ihrer Arbeit bewusst.« Eban stellte zudem klar, dass eine Zustimmung die Übersiedlung nach Israel und die Annahme der israelischen Staatsbürgerschaft erforderte – falls Einstein glaubte, das Amt aus der Ferne ausüben zu können.

Das Angebot war eine fantastische Anerkennung Einsteins, des weltweit wohl berühmtesten und beliebtesten Juden. Sie bekundete laut Eban den tiefsten Respekt, den das jüdische Volk irgendeinem seiner Söhne zollen könnte.

Einstein übergab dem Gesandten sofort seinen Ablehnungsbrief an Eban. Darin erklärte er, dass ihn das Angebot zutiefst bewege, er es jedoch ablehnen müsse. Darüber sei er traurig und beschämt, da seine Beziehung zum jüdischen Volk seine stärkste menschliche Bindung geworden sei. Da er sich aber sein Leben lang mit objektiven Dingen beschäftigt habe, habe er weder die Fähigkeit noch die Erfahrung im richtigen Umgang mit Menschen und in der Ausübung offizieller Funktionen.

Einsteins Lebenserfahrung hatte ihn gelehrt, dass nicht jede naheliegende kluge auch eine gute Idee war – so auch die Idee seiner Präsidentschaft. Offizielle Funktionen, die mit Pomp verbunden waren, lagen ihm ebensowenig wie Zurückhaltung in Streitfragen. So war er zwar freundlich und oft warmherzig, aber nicht besonders kollegial. Für Kompromisse, die einen guten Manager und mehr noch die Repräsentationsfigur einer großen Organisation auszeichnen, war er zu ungeduldig. Er sagte immer gerne seine Meinung, die er nicht in diplomatische Worte hüllte – er war einfach kein Staatsmann.

Einstein liebte es, als Rebell und Nonkonformist seine Meinung frei zu äußern. Diese Haltung trug zu seiner Brillanz als Wissenschaftler bei, für einen Politiker war sie jedoch kontraproduktiv. Gegenüber einem Freund gab er zu, dass viele Rebellen irgendwann einmal als Respektspersonen

Verantwortung übernähmen – dieser Weg käme für ihn jedoch nicht infrage. In einem Brief an eine Jerusalemer Zeitung erklärte er, dass er sich nicht selbst in eine Lage bringen wollte, in der er zu einer Entscheidung der Regierung schweigen müsse, die zu einer Politik führe, die seinen eigenen moralischen Werten widerspräche.

81

FAKSIMILE: *Abba Ebans Brief, in dem Einstein die israelische Präsidentschaft angetragen wird.*

UNTEN: *Israels Botschafter in Washington, Abba Eban.*

Rote Angst

»Wie beschämend Sie mit Ihren ungeschnittenen Haaren aussehen, wie ein Wilder.« — Sam Epkin aus Cleveland

LINKS: *Senator McCarthy 1954 auf dem Höhepunkt der »Roten Angst«.*

Obwohl das FBI ihn als Sicherheitsrisiko eingestuft hatte, war Einstein ein loyaler, stolzer Amerikaner, wenn auch ein unangepasster Bürger. In dieser Hinsicht lebte er jedoch ehrenwerte Traditionen des amerikanischen Selbstverständnisses aus: Er verteidigte leidenschaftlich den Schutz der persönlichen Freiheit, war häufig verärgert über staatliche Einmischung, misstrauisch gegenüber Anhäufung von Reichtum und glaubte – wie viele amerikanische Intellektuelle nach den beiden Weltkriegen – an einen idealistischen Internationalismus.

Das nationalsozialistische Deutschland hatte er mit der öffentlichen Erklärung verlassen, nicht in einem Land leben zu wollen, in dem Menschen weder frei denken noch ihre Gedanken frei äußern dürften. Später schrieb er, dass er damals nicht gewusst hatte, wie richtig sein Entschluss gewesen war, in die USA auszuwandern. Jetzt wüsste er, dass hier Menschen ihre Meinung über Politik und Politiker ohne Furcht vor Verfolgung frei äußern könnten. Amerika war für ihn schön, weil dort eine Toleranz gegenüber den Ideen jedes Einzelnen, jedoch kein Zwang und kein Klima des Terrors wie in Europa herrschten. Für Amerikaner, so dachte er, war die Meinungsfreiheit so kostbar, dass sie lieber sterben als sie aufgeben würden.

Einsteins hohe Wertschätzung der amerikanischen Kerntugenden der Glaubens- und Meinungsfreiheit stand hinter seinem zornigen öffentlichen Aufbegehren Anfang der 1950er-Jahre. Im hysterischen Klima der wachsenden »Roten Angst« kam es unter der Leitung von Senator Joseph McCarthy und anderen zu maßlosen Gesinnungsprüfungen und einer Hexenjagd gegen mutmaßliche kommunistische Sympathisanten. Einstein

war ein demokratischer Sozialist, der die Einschränkung der individuellen Freiheit in kommunistischen Systemen, etwa der UdSSR, zutiefst ablehnte; er lag politisch in der Mitte zwischen reflexhaften Anti-Amerikanern und ebensolchen Antikommunisten.

Nach der Verleihung des Lord & Taylor Award für sein unabhängiges Denken gab er im Radio ein Interview, das auch der Lehrer William Frauenglass aus Brooklyn hörte. Frauenglass hätte vor einem Senatskomitee in Washington über den wachsenden Einfluss von Kommunisten an amerikanischen Highschools berichten sollen, hatte dies aber verweigert. Er bat Einstein um Unterstützung.

In seinem Antwortbrief argumentierte Einstein, dass die Freiheit der Lehre durch reaktionäre Politiker bedroht sei. Auf Frauenglass' Frage, was Lehrer und Intellektuelle tun sollten, erklärte er, dass er Non-Kooperation im Sinne Mahatma Gandhis als einzigen revolutionären Weg sehe: »Jeder Intellektuelle, der vor eines der Komitees vorgeladen wird, müsste jede Aussage verweigern.« Einstein erlaubte Frauenglass, den Brief zu veröffentlichen.

In einer Zeit, in der die Loyalität von Akademikern und Personen des öffentlichen Lebens Ziel strenger Untersuchungen war, trauten sich nur wenige, eine solche Meinung frei zu äußern. Viele Professoren waren aufgewühlt, eingeschüchtert, verunsichert oder entnervt. Einstein hatte jedoch schon lange – für ihn befriedigende – Erfahrung als Opponent geltender Orthodoxien gesammelt. Die McCarthy-Ära erlebte er mit gelassener Sturheit und der schlichten Aufforderung zur Non-Kooperation. Er erinnerte sich noch gut an die Passivität der meisten deutschen Intellektuellen bei der Machtübernahme der Nationalsozialisten und war deshalb überzeugt, die wachsende Intoleranz in den USA nicht still hinnehmen zu dürfen.

Als sein Brief an Frauenglass veröffentlicht wurde, erntete Einstein vernichtende Kommentare in der Presse und

RECHTS: *Neben Durchschnittsbürgern wie William Frauenglass mussten auch viele Prominente vor dem Komitee für unamerikanische Umtriebe aussagen. Arthur Miller (rechts) bezeugte 1956 seine eigenen Aktivitäten, weigerte sich aber, die Namen ihm bekannter Kommunisten zu nennen.*

wurde mit Hassbriefen von ihm Unbekannten überschwemmt. »Vergessen Sie nicht, dass Sie aus einem kommunistischen Land hierher in die Freiheit kamen. Missbrauchen Sie diese Freiheit nicht, Sir«, ätzte ein gewisser, falsch informierter George Stringfellow aus East Orange, New Jersey. Sam Epkin aus Cleveland schrieb: »Schauen Sie in den Spiegel und sehen Sie, wie beschämend Sie mit ihren ungeschnittenen Haaren aussehen, wie ein Wilder, und mit ihrer russischen Wollmütze wie ein Bolschewik.« Der bekannte Kolumnist und Fluch der amerikanischen Linken, Victor Lasky, verfasste eine handschriftliche Notiz: »Ihr letzter Schuss gegen die Institutionen dieser großen Nation überzeugt mich endgültig, dass Sie trotz Ihres großen wissenschaftlichen Wissens ein Idiot und eine Bedrohung für dieses Land sind.« Senator McCarthy schien durch Einsteins Prominenz eingeschüchtert und reagierte gedämpft: »Jeder, der Amerikanern rät, geheime Informationen über Spione und Saboteure für sich zu behalten, ist selbst ein Feind Amerikas.« Direkt attackierte er Einstein jedoch nicht.

Einstein erhielt aber auch Unterstützerbriefe. Der Philosoph Bertrand Russell, Einsteins alter Freund und Mitstreiter aus seinen pazifistischen Tagen, schrieb einen amüsanten Brief an die *New York Times*. »Offensichtlich glauben Sie, dass man Gesetzen, wie schlecht sie auch sein mögen, stets folgen muss. Ich muss deshalb annehmen, dass Sie George Washington verurteilen und denken, Ihr Land solle

OBEN:
Einstein und Oppenheimer am Institute for Advanced Study im Dezember 1947.

UNTEN: *Einstein feierte den »I Am an American Day« wie viele andere Immigranten, etwa die O'Neill-Schwestern 1946.*

I am an American Day

Gegen Ende des Zweiten Weltkriegs rief Präsident Truman einen Tag zu Ehren aller neuen US-Bürger aus. Der Richter, der Einstein 1940 den Treueschwur abgenommen hatte, verschickte Tausende Einladungen an alle, die er vereidigt hatte, für ein Fest in einem Park in Trenton. Einstein, der sich normalerweise für solche Feiern nicht interessierte, nahm überraschenderweise mit allen Personen seines Haushalts an dem Fest teil. Während der gesamten Zeremonie lächelte er liebenswürdig und hielt ein kleines Mädchen auf seinem Schoß. Seine Teilnahme am »I Am an American Day« war vielleicht ein Ausdruck seiner echten Freude, die er über seinen Status als amerikanischer Bürger empfand.

wieder Untertan Ihrer Huldvollen Majestät Königin Elisabeth II. sein. Als loyaler Brite kann ich dieser Ansicht nur applaudieren; ich fürchte jedoch, dass sie in Ihrem Land nur wenige Anhänger findet.« In seiner Antwort bedankte sich Einstein bei Russell und beklagte, dass die gesamte Intelligenz mittlerweile zutiefst eingeschüchtert sei.

Auch Frauenglass' Sohn Richard schrieb Einstein einen Brief, den dieser so reizend fand, dass er ihn in seinem Schreibtisch aufbewahrte. »In dieser unruhigen Zeit könnte Ihre Stellungnahme den Kurs des Landes verändern«, meinte Richard, und darin lag ein Körnchen Wahrheit. Er schrieb auch, dass er Einsteins Brief sein ganzes Leben lang aufbewahren werde; und im Postskriptum: »Meine Lieblingsfächer sind auch die Ihren – Mathe und Physik. Derzeit habe ich Trigonometrie.«

Einstein wurde auch in den Fall J. Robert Oppenheimer verwickelt. Oppenheimer leitete Anfang der 1950er-Jahre das Institut in Princeton, an dem Einstein wirkte, und hatte zuvor das Wissenschaftsteam beim Bau der Atombombe geleitet. Als Berater der Atomic Energy Commission war ihm sicherheitliche Unbedenklichkeit bescheinigt worden, doch er war ein angreifbares Ziel: Oppenheimer hatte öffentlich gegen den Bau der von Präsident Truman genehmigten Wasserstoffbombe gesprochen; zudem waren seine Frau und sein Bruder vor dem Krieg Mitglieder der kommunistischen Partei gewesen.

OBEN: *Der Sozialreformer und sozialistische Politiker Norman Thomas 1947. Bei seinem ersten Treffen mit Einstein 1930 versuchte er, Einstein davon zu überzeugen, dass Pazifismus nur mit radikalen wirtschaftlichen Reformen möglich sei.*

»Jeder, der rät, Informationen über Spione und Saboteure für sich zu behalten, ist selbst ein Feind Amerikas.« — **Senator McCarthy**

LINKS: *Drew Pearson in seinem Heim, 1955. Pearson war ein Gegner von McCarthys Untersuchungen und sprach sich häufig öffentlich gegen sie aus.*

Deshalb veranlassten 1953 einige Regierungsmitglieder eine ganze Reihe von Sicherheitsanhörungen mit dem Ziel, Oppenheimer seine Unbedenklichkeitsbescheinigung zu entziehen. Das Ganze war eher eine symbolische Attacke, da die Bescheinigung ohnehin nur für eine bestimmte Zeit galt. In der polemisch aufgeheizten damaligen Zeit wollte jedoch keine Seite nachgeben.

Einstein hielt Oppenheimer für einen »Narren«, weil er sich in eine solche Lage begab. Er hatte den USA gut gedient, und wie undankbar die Behörden auch erschienen, so sollte sich Oppenheimer nicht auf die »Hexenjagd« einlassen. Er wäre besser beraten, wenn er einfach sein Amt niederlege, seine anscheinende Vernarrtheit in die Regierung der USA würde nicht erwidert. Einem Kollegen erklärte er, dass er Oppenheimer rate, schnellstens nach Washington zu fahren, den Verantwortlichen deutlich zu verkünden, dass sie Hanswurste

Der Lord & Taylor Award

Als die »Rote Angst« 1953 einen Höhepunkt erreichte, gewann Einstein einen Preis, der jährlich von der Kaufhauskette Lord & Taylor ausgelobt wurde. Verliehen wurde er für unabhängiges Denken – Anfang der 1950er-Jahre stand dies nicht hoch im Kurs. Einstein erhielt den Preis für seinen wissenschaftlichen »Nonkonformismus«. Auf diese Eigenschaft, die ihm in seiner Karriere oft geholfen hatte, war er stolz. In einem Radiointerview nach der Preisverleihung bemerkte er mit tiefer Befriedigung, dass sein Eigensinn und sein Nonkonformismus endlich offiziell ausgezeichnet worden seien. Er kritisierte die Unterdrückung des freien Denkens als eine Folge von Senator McCarthys Untersuchungen.

Ich danke Ihnen für Ihre Aufklärungen. Mit dem "reacta field" meinte ich die theoretischen Grundlagen der Physik. —

Das Problem, vor welches sich die Intelligenz dieses Landes gestellt sieht, ist ein sehr ernstes. Es ist den reaktionären Politikern dieses Landes gelungen, durch Vorspiegelung einer äusseren Gefahr das Publikum gegen alle intellektuellen Bemühungen misstrauisch zu machen. Auf der Basis dieses Erfolges sind sie daran, die freie Lehre zu unterdrücken und die nicht Gefügsamen aus ihren Stellungen zu verdrängen, d. h. auszuhungern.

Was soll die Minderheit der Intellektuellen Ihnen gegen das Übel? Ich sehe offen gestanden nur den revolutionären Weg der Non-cooperation im Sinne Ghandi's. Jeder Intellektuelle, der vor einen Ausschuss der comité's geladen wird, müsste jede Aussage verweigern, d. h. bereit sein, sich einsperren und wirtschaftlich ruinieren zu lassen, kurz, seine persönlichen Interessen den kulturellen Interessen des Landes zu opfern.

Wenn sich genügend Personen fänden, die diesen harten Weg zu gehen bereit sind, wird ihnen Erfolg beschieden sein. Wenn nicht, dann verdienen die Intellektuellen des Landes eben nichts Besseres als die Sklaverei, die ihnen zugedacht ist.

— A. Einstein

Diese Verweigerung dürfte aber nicht gegründet werden auf den bekannten Trick der möglichen Selbstbeschuldigung, sondern darauf, dass es einem unbescholtenen Bürgers unmöglich ist, sich solcher Inquisition zu unterziehen, und dass diese Art der Inquisition gegen den Geist der Verfassung verstosse.

P. S. Dieser Brief ist nicht als "vertraulich" zu behandeln.

seien, und dann wieder nach Hause zurückzukehren.

Der an sich geheime Inhalt der Anhörungen sickerte durch. Nach Ansicht der Atomic Energy Commission war Oppenheimer ein loyaler Amerikaner – dennoch erklärte sie ihn zum Sicherheitsrisiko und zog genau einen Tag vor ihrem Auslaufen seine Unbedenklichkeitsbescheinigung zurück. Am Princeton Institute verfassten daraufhin einige Fakultätsmitglieder eine Petition für Oppenheimer, die Einstein ohne zu zögern unterzeichnete. Andere warteten jedoch mit ihrer Unterschrift aus Angst vor den möglichen Folgen. Ein Freund Einsteins erzählte, dass Einstein seine »revolutionären Kontakte« spielen ließ, um Unterstützer zu gewinnen. Mit Überredungskunst brachte er die gesamte Fakultät dazu, die Petition zu unterzeichnen.

Einstein erinnerten die Anhörungen und Hexenjagden der McCarthy-Ära an den Aufstieg des Nationalsozialismus in Deutschland. Dem Sozialistenführer Norman Thomas erklärte er, dass diejenigen, die die Angst vor

Nach der Veröffentlichung von Einsteins Brief an Frauenglass ging ein Aufschrei durch die Presse. *The New York Times* dröhnte: »Unnatürliche und illegale Mittel des zivilen Ungehorsams einzusetzen, wie Professor Einstein rät, heißt in diesem Fall, den Teufel mit dem Beelzebub auszutreiben.« *The Washington Post:* »Durch diesen unverantwortlichen Vorschlag hat er sich selbst in die Extremistenkategorie begeben. Wieder einmal hat er bewiesen, dass wissenschaftliches Genie keine Garantie für politische Weisheit ist.« *The Philadelphia Inquirer:* »Es ist besonders schade, wenn ein ehrenvoller Gelehrter seines Ranges sich von den Feinden des Landes, das ihm solch sichere Zuflucht gewährte, als Propagandainstrument benutzen lässt [...] Dr. Einstein ist von den Sternen in die Niederungen ideologischer Politik herabgestiegen, mit beklagenswerten Resultaten [...] Sein Statement ist schockierend, weil es den kommunistischen Amerikahassern hilft und von [...] schlechten Manieren zeugt.« Und die *Chicago Tribune:* »Es erstaunt immer wieder, dass ein hochintellektueller Mann auf manchen Gebieten ein Simpel und auf anderen sogar ein Idiot ist.«

dem Kommunismus benutzten, wertvolle bürgerliche Freiheiten abzuschaffen, die größte Gefahr für Amerika seien – und nicht die Kommunisten selbst.

In Princeton wollten einige wenige Einstein von Stellungnahmen abhalten, aus Angst vor den möglichen Konsequenzen für das Insitut und für Einstein selbst. Er konterte, dass sie durch genau solche Sorgen graue Haare bekämen. Mit einer fast kindlichen Freude sagte er immer, was er dachte. Einem alten Freund trug er in einem Brief auf, der belgischen Königinmutter auszurichten, dass er in seiner neuen Heimat zu einer Art *cause célèbre* geworden sei, und dies vor allem, weil er zu solch inakzeptablen Entwicklungen nicht schweigen könne. Er hielt es für die Pflicht der älteren Generation, die im Verhältnis weniger zu verlieren hatte, für die Jungen zu sprechen, die einem weitaus größeren Anpassungsdruck ausgesetzt waren.

Angesichts seiner Erfahrungen in Europa ist Einsteins Sorge verständlich, dass die Entwicklungen in der McCarthy-Ära erste Schritte auf Amerikas Weg in die Schrecken des Faschismus darstellen könnten. Mit den Auseinandersetzungen in einer Demokratie nicht vertraut, erkannte er den McCarthyism nicht als eine schnelllebige politische Mode. Er verstand nicht, dass das politische System der USA stark genug war, auch diesen Angriff zu überstehen und dass dessen immanenter Schutz individueller Freiheit überdauern würde. Amerikas Demokratie überlebte wie immer, und Senator McCarthy wurde demontiert – in Anhörungen in einem Fall gegen die Armee durch seine eigenen Kollegen im Senat, Präsident Eisenhower und kämpferische Journalisten wie Drew Pearson und Edward R. Murrow. Nach der »Roten Angst« saßen Einstein und Oppenheimer noch immer sicher in Princeton, wo sie frei arbeiten und ihre Meinung äußern konnten. Einstein musste nicht verbittert sterben und konnte sich seinen Humor und seine ironische Distanz bis zum Ende bewahren.

FAKSIMILE:
In seinem Antwortbrief an William Frauenglass riet Einstein Frauenglass, Mahatma Gandhis Vorbild der Gewaltlosigkeit und Non-Kooperation zu folgen.

LINKS: *Edward Murrow verteidigt am 12. März 1954 seine Attacke gegen McCarthy, die drei Tage zuvor in seiner TV-Sendung See It Now ausgestrahlt worden war. Sie trug erheblich dazu bei, dass sich das Blatt gegen McCarthy wendete.*

In einem Brief an seinen Sohn Hans Albert drückte Einstein Ende 1954 seine Freude darüber aus, dass Amerika plötzlich der »Roten Angst« überdrüssig geworden war. Er schrieb, wie die USA ihm immer fremder geworden sei, dass die Amerikaner aber am Ende zu ihrem anständigen Staat zurückgefunden hätten. Das Land sei eine Fabrik, die alles, auch den Wahnsinn, im industriellen Maßstab produziere. Doch wegen des vorherrschenden Wankelmuts entpuppten sich selbst die bedrohlichsten Entwicklungen schließlich als vorübergehende Launen.

Einstein war im März 75 Jahre alt geworden, Hans Albert war 50. Sie hatten schon lange wieder zusammengefunden, und Einstein genoss sogar seine Rolle als Großvater.

Einstein war offiziell im Ruhestand, hatte aber noch immer sein Büro im Institut. Weiterhin ging er jeden Morgen zu einer vernünftigen Zeit dorthin und verbrachte Stunden mit dem Ringen um Gleichungen, von denen er sich wenigstens kleine Fortschritte in Richtung einer einheitlichen Feldtheorie erhoffte, die die Unbestimmtheiten im Kern der Quantenmechanik plausibel erklären könnte. Schon 70 Jahre zuvor, als sein Vater ihm einen Kompass geschenkt hatte, hatte er über das Konzept von Feldern – zusammenhängenden Strukturen – nachgedacht, das seitdem seine Theorien bestimmte.

Doch die einheitliche Feldtheorie schien sich vor ihm ständig zurückzuziehen. Häufig ging er mit neuen Strategien ins Büro, zuweilen mit einem Haufen Papierschnitzel, auf denen er neue Gleichungen gekritzelt hatte. Die ging er dann zusammen mit seiner Assistentin, einer israelischen Physikerin, durch. Einstein wog die Gleichungen ab, sie zeigte Probleme auf, die Einstein dann zu lösen versuchte. Am Ende machten die Probleme jede neue

Abschied

OBEN: *Einstein 1936 mit seinem Sohn Hans Albert und Enkel Bernhard. Zwei Jahre später zog Hans Albert mit seiner Familie nach Amerika, wo die Vater-Sohn-Beziehung weiter gedieh.*

RECHTS: *Als Louis de Broglie 1924 seine Doktorarbeit über die Theorie der Elektronenwellen schrieb, erwies diese sich als so komplex, dass er Einstein um eine Beurteilung bat. Einstein billigte die Arbeit und freundete sich mit de Broglie an.*

Einsteins nie gehaltene Rede zu Israel und Frieden im Atomzeitalter

Eine Woche vor seinem Tod besuchte der israelische Botschafter Abba Eban Einstein, um mit ihm eine Rundfunkansprache zu besprechen, die Einstein zum siebten Jahrestag der Gründung Israels halten wollte. Einstein hatte früher – wegen seiner Aversion gegen Nationalismus – Bedenken gegen die Idee eines jüdischen Staats, doch jetzt hielt er die Gründung Israels für eine der wenigen politischen Leistungen von echter moralischer Qualität. Er sagte zu Eban, er wolle seine Rede ausweiten und auch davon sprechen, wie wichtig Frieden und eine Weltregierung im Atomzeitalter seien. Einstein vollendete die Ansprache nicht mehr. Der Entwurf dazu lag am Tag seines Todes neben seinem Bett. Die Rede begann mit der Beschwörung des universellen Geistes aller Menschen: »Ich spreche zu Euch heute nicht als ein amerikanischer Bürger und auch nicht als Jude, sondern als ein Mensch [...]«. Er wollte nicht über Israel, sondern über Frieden im Atomzeitalter sprechen.

Ich spreche zu Euch heute nicht als ein amerikanischer Bürger und auch nicht als Jude sondern als ein Mensch, der in allem Ernst darnach strebt, die Dinge objektiv zu betrachten. Was ich anstrebe, ist einfach, mit meinen schwachen Kräften der Wahrheit und Gerechtigkeit zu dienen auf die Gefahr hin, niemand zu gefallen.

Zur Diskussion steht der Konflikt zwischen Israel und Aegypten. — ein kleines und unwichtiges Problem, werdet ihr denken, wir haben grössere Sorgen. So ist es aber nicht. Wenn es sich um Wahrheit und Gerechtigkeit handelt, gibt es nicht die Unterscheidung zwischen kleinen und grossen Problemen. Denn die allgemeinen Gesichtspunkte, die das Handeln der Menschen betreffen, sind unteilbar. Wer es in kleinen Dingen mit der Wahrheit nicht ernst nimmt, dem kann man auch in grossen Dingen nicht vertrauen.

Diese Unteilbarkeit gilt aber nicht nur für das Moralische sondern auch für das Politische; denn die kleinen Probleme können nur richtig erfasst werden, wenn sie in ihrer Abhängigkeit von den grossen Problemen verstanden werden. Das grosse Problem präsentiert sich gegenwärtig als Trennung der Menschenwelt in zwei feindliche Lager die sogenannte free world und die kommunist. World. Da es mir wenig klar ist, was hier unter free und communist zu verstehen ist, will ich lieber von einem Machtstreit zwischen Ost und West reden, obwohl es wegen der Kugelgestalt der Erde auch nicht recht klar ist, was nun da unter West und Ost zu verstehen ist.

Es ist im Grunde nur ein Machtstreit alten Stiles, der wie frühere Kämpfe um die Macht der Menschen in halb-religiöser Verhüllung dargeboten wird. Dieser Machtstreit hat aber durch die Entwicklung der Atomwaffe einen gespenstischen Charakter angenommen. Jede Partei weiss nämlich und gibt es auch zu, dass unsere Menschheit verloren ist, wenn der Streit in einen wirklichen Krieg ausartet. Trotzdem wird von den verantwortlichen Staatsmännern auf beiden Seiten der Streit in altgewohnter Weise auf den Versuch gegründet, den Gegner durch Entwicklung überlegener militärischer Machtmittel einzuschüchtern und mürbe zu machen. Dabei muss man allerdings Krieg und Untergang riskieren. Aber den Weg der übernationalen Sicherung etwa vorschlagen wagt kein verantwortlicher Staatsmann, weil dies seinen sicheren politischen Tod bedeuten würde. Denn die allenthalben entfachte politische Leidenschaft verlangt ihre Opfer.

11.5.54.

Lieber Albert.

Die Ehrlichkeit verlangt es zu gestehen, dass Friedl mich an Deinen 50. Geburtstag erinnert hat. Und ich bin ihr dankbar dafür. Denn man hat mir bei solchen Gelegenheiten die Möglichkeit auszudrücken, wie man fühlt. Sonst scheut man sich.

Es ist mir eine Freude, einen lieblichen Sohn zu haben, der die hauptsächliche Seite meines eigenen Wesens geerbt hat: sich erheben über das blosse Dasein, indem man seine besten Kräfte durch die Jahre hindurch einem unpersönlichen Ziel zugibt. Dies ist ja das beste, ja das einzige Mittel, durch das wir uns vor dem persönlichen Schicksal und von den Menschen unabhängig machen können. Bei Dir ist es die Untersuchung der Vorgänge, die die Gestaltung der Wasserläufe bestimmen. Seit dem Verlassen der Schule hat es Dich nicht losgelassen, sodass Du nun auf eine kompakte Leistung zurückschauen kannst. Dies ist es, was einem Befriedigung gibt und dem Leben einen Sinn.

Gemeinsam ist uns auch das unablässige Grübeln und die Abneigung gegen das Viel-Studieren von Literatur. Das ist zwar ein Laster aber für unsereinen ein unvermeidliches. Es ist eine eigenmässige und gewissermassen heroische Art der intellektuellen Existenz.

Oft erinnere ich mich an besonders charakteristische Sachen, die Du Dir in der Kindheit geleistet hast. So entdeckte ich einmal, als ich mich rasieren wollte, dass Du mein Rasiermesser heimlich zum Holz-Schnitzen verwendet hattest. Das Ding war zu einer Art Säge geworden. Auch kommen mir die Blüten aus Deiner Kindersprache in den Sinn, z. B. das Wort Voio-Voio. Es sollte ursprünglich Vorhang heissen, bezeichnete dann aber alles, was gross und eindrucksvoll aussieht, aber wenig Substanz hat, z. B. Rauch aus dem Kamin oder ein leerer Redeschwall.

Und nun bist auch Du schon bejahrt und sozusagen Respektsperson! Bleibt nichts, als herzlich Glück zu wünschen.

Trotzdem weiter wie bisher! Bewahre den Humor, sei gut zu den Menschen, aber mach Dir nichts aus ihren Worten und Richten. Dein Papa.

FAKSIMILES:

*1) In den Stunden vor seinem Tod bat Einstein, man möge ihm die
Notizen zu seiner Rede zum israelischen Unabhängigkeitstag in die
Klinik bringen, damit er daran weiterarbeiten könnte. Als er gestorben
war, lag dieses Blatt neben seinem Bett. Der letzte Satz darauf
scheint unvollendet: »Denn die allenthalben entfachte politische
Leidenschaft verlangt ihre Opfer ...«.
2) Einsteins Brief an seinen Sohn Hans Albert zu dessen 50. Geburtstag*

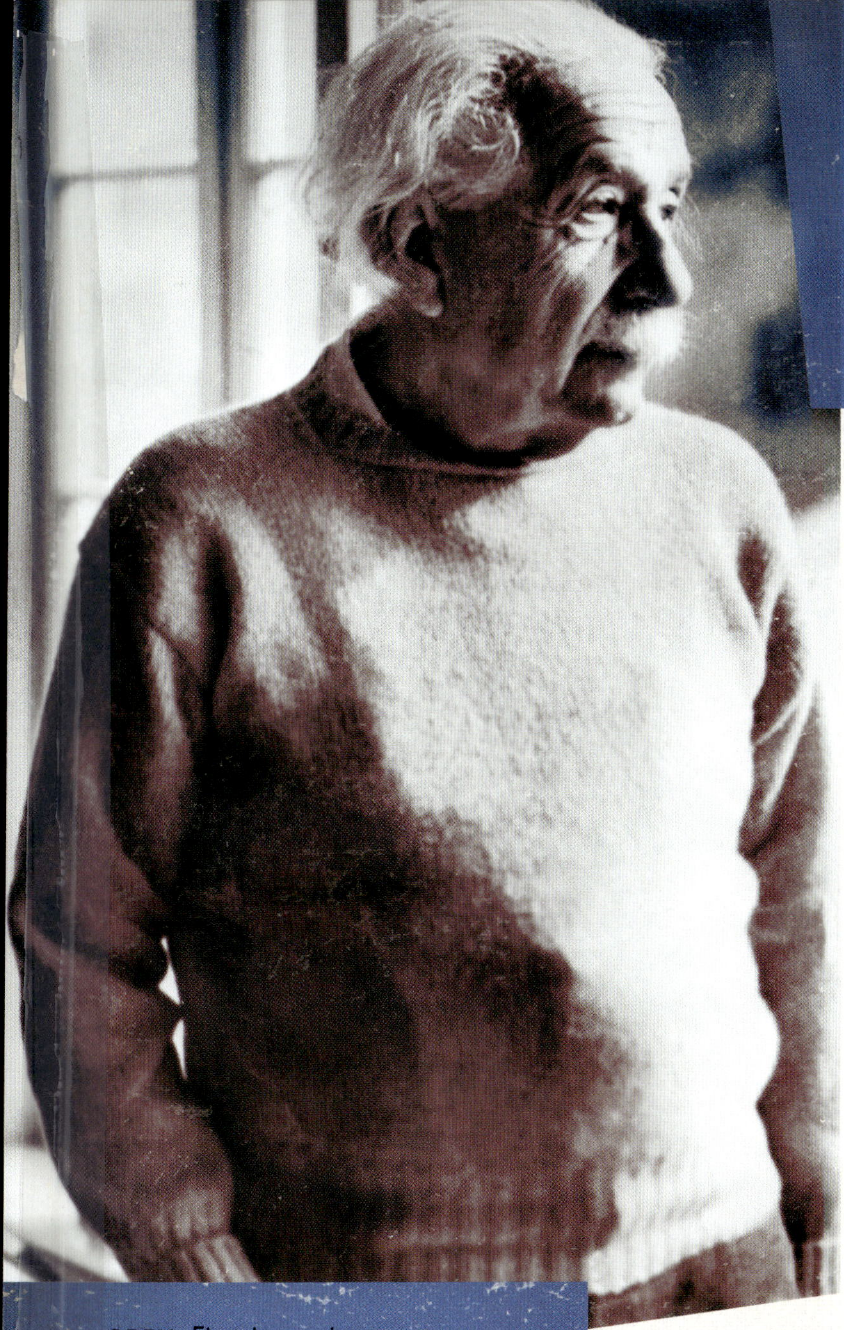

Strategie zunichte, aber er ließ sich nicht entmutigen. Auch als seine
Zeit zu Ende ging, merkte er nur an, die Arbeit des Tages sei durchaus
lehrreich gewesen.

Manchmal machte sich Einstein über seine eigene Sturheit lustig.
Dem Physiker Louis de Broglie gegenüber verglich er sich selbst mit
einem Strauß, »der seinen Kopf dauernd in den relativistischen Sand
steckt, damit er den bösen Quanten nicht ins Auge sehen muss«. Da
er seine Gravitationstheorien nur entwickeln konnte, weil er fest an ein
zugrunde liegendes Prinzip geglaubt hatte, war er der Meinung, dass
auch eine einheitliche Feldtheorie zu finden sei, wenn er an einen streng
vorhersehbaren und deterministischen Kosmos glaubte statt an einen
von Unwägbarkeiten, Unsicherheiten und einer würfelnden Gottheit
bestimmten. Wenn ihn das zum Strauß machte, dann sollte es eben so
sein, merkte er ironisch an.

Ebenso unermüdlich war Einstein in seinem Einsatz für den Frieden
im Atomzeitalter, woran er zusammen mit dem Philosophen Bertrand
Russell arbeitete. Beide waren energisch gegen den Ersten Weltkrieg
eingetreten und hatten sich im Zweiten Weltkrieg auf die Seite der
Alliierten gestellt. Nun sei es, so Russell, ihre Pflicht, einen Dritten
Weltkrieg zu verhindern. »Ich denke, dass angesehene Wissenschaftler
etwas Dramatisches tun sollten, um den Regierungen die möglichen
Schrecken deutlich zu machen«, schrieb Russell. Einstein schlug vor, dass
sie selbst und andere ausgewählte Wissenschaftler und Intellektuelle
eine »öffentliche Erklärung« abgeben könnten.

Am 14. März 1955, seinem 76. Geburtstag, wurde Einstein von
Geschenken und Besuchen enger Freunde überschwemmt. Oppen-
heimer kam mit Briefen und Publikationen, andere wollten ihm nur ihren
Respekt zollen. Die fünfte Klasse der Farmingdale Elementary School
in New York schickte ihm eine Krawatte – die Schüler hatten Fotos
von ihm gesehen und glaubten, er brauche eine. In seiner höflichen
Antwort schrieb Einstein, es sei so lange her, dass er Krawatten und
Manschetten getragen habe, dass er fast vergessen habe, was das sei.
Reporter warteten vor dem Haus 112 in der Mercer Street, um ein
Geburtstagsfoto zu schießen, aber er blieb lieber drinnen.

Am Tag darauf starb Michele Besso, sein alter Freund aus Studen-
tentagen. In seinem Beileidsschreiben an die Familie sinnierte Einstein
über Zeit und Tod. Er schien zu ahnen, dass ihm selbst nicht mehr viel
Zeit bleiben sollte. Im Brief an die Bessos schrieb er, er glaube, dass die

OBEN: *Einstein an seinem
75. Geburtstag, 1954.*

LINKS: *Dr. Thomas Harvey, Chefpathologe am Princeton Hospital,
gibt ein Interview über die Autopsie an Einsteins Leichnam. Er konnte
belegen, dass eine Operation Einstein nicht gerettet hätte.*

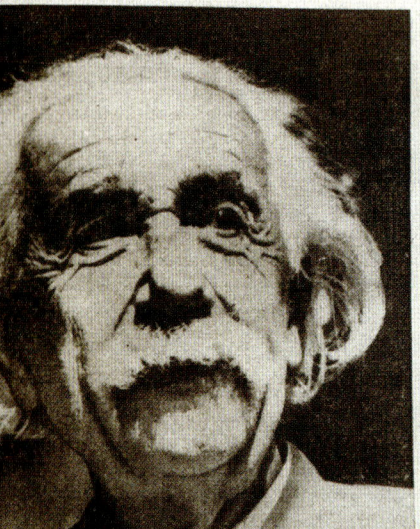

88

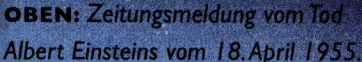

OBEN: *Zeitungsmeldung vom Tod Albert Einsteins vom 18. April 1955.*

Zeit für seinen Freund nur kurz vor seiner eigenen gekommen war; die Wissenschaft werde enthüllen, dass die Vorstellungen über etwas, das vorbei ist, oder das, was erst kommen wird, reine Illusion sind.

In der letzten Woche seines Lebens konzentrierte sich Einstein auf ein paar Dinge, die ihm am Herzen lagen. Er und Bertrand Russell hatten ein Manifest ausgearbeitet, das den Frieden im Atomzeitalter forderte. Einstein unterschrieb es am 11. April. »Wir müssen lernen, auf neue Art zu denken«, heißt es im Manifest. »Wir sollten nicht mehr danach fragen, welche Mittel und Wege dem militärischen Siege der von uns bevorzugten Partei offen stehen. Solche Möglichkeiten gibt es nämlich gar nicht mehr. Vielmehr stehen wir vor der Frage, auf welche Weise eine militärische Auseinandersetzung, deren Folgen für alle Beteiligten unheilvoll sind, verhindert werden kann.« Das Manifest führte zu den jährlichen Pugwash-Konferenzen, auf denen Wissenschaftler und Gelehrte Ideen zur nuklearen Abrüstung austauschten.

Am 12. April, er arbeitete im Institut, spürte er einen Schmerz in der Leiste. Seine Assistentin fragte, ob alles in Ordnung sei. Er sagte, alles sei in Ordnung, nur er nicht. Ein Aneurysma in der Aorta hatte begonnen aufzuplatzen, und die Ärzte, die zu ihm nach Hause kamen, sagten, seine einzige, wenn auch geringe Hoffnung sei eine sofortige Operation. Einstein lehnte ab. Zu Dukas sagte er, die künstliche Verlängerung des Lebens sei geschmacklos. Er fühlte, er habe seine Pflicht erfüllt, und wollte in Würde gehen, wenn die Zeit gekommen war.

Am Tag darauf wurden die Schmerzen schlimmer, man brachte ihn ins Krankenhaus. Seine Stieftochter Margot informierte Hans Albert, der sofort von San Francisco nach Princeton flog, um bei seinem Vater zu sein. Am Sonntag, dem 17. April, fühlte sich Einstein nach dem Aufwachen so gut, dass er ein bisschen arbeiten wollte. Dukas brachte ihm seine Brille, Papier und Stifte, und er arbeitete an einem weiteren Versuch, eine einheitliche Feldtheorie zu finden. Er füllte Seite um Seite mit Gleichungen. Einmal hielt er inne, zeigte auf das, was er geschrieben hatte, und klagte Hans Albert halb im Scherz, alles, was er wirklich brauche, sei mehr Mathematik.

Dann wurden die Schmerzen zu schlimm. Seine Familie ging, und schließlich legte er sich schlafen. Mitten in der Nacht, um etwa 1 Uhr am Montag, dem 18. April 1955, wurde er unruhig. Die Krankenschwester hörte ihn einige letzte Worte auf Deutsch murmeln. Das Aneurysma war geplatzt, Einstein war tot.

Auf seinem Nachttisch lagen zwölf Seiten mit Gleichungen. Bis zum Ende hatte er den Kampf weitergeführt, den er an dem Tag begonnen hatte, als sein Vater ihm einen Kompass schenkte, den Kampf, alle Kräfte des Universums zu visualisieren und sie mithilfe der Pinselstriche von Mathematik und Fantasie darzustellen. Auf der letzten Seite war seine Handschrift etwas unleserlich geworden, er hatte ein paar Arithmetikfehler gemacht, diese aber korrigiert. Doch ehe er an seinem letzten Tag schlafen gegangen war, hatte er die Seite bis an den unteren Rand mit

Gleichungen beschrieben, noch immer in der Hoffnung, dem Gesetz des Universums wenigstens etwas näher zu kommen.

Es war eine lange Reise gewesen für den rebellischen Patentexperten 3. Klasse an einen Ort, wo er es wagte, in Gottes Denken zu lesen und die geheimsten Türen der Schöpfung zu öffnen. Er dachte über Dinge nach, um die sich der Rest von uns nicht kümmert, etwa: Was bringt die Kompassnadel dazu, gen Norden zu zeigen? Er hinterfragte Lehrsätze, die gebildetere Köpfe als gegeben hinnahmen, etwa, dass die Zeit Sekunde für Sekunde voranschreitet, egal, wie wir sie betrachten. Er visualisierte Gleichungen und die von ihnen abgebildete Realität, als er z.B. herausfand, dass der mathematische Kniff, den Max Planck in eine Gleichung einfügte, bedeutete, dass Licht sowohl in Wellen als auch in Teilchen existiert. Er führte Gedankenexperimente durch, die zunächst erstaunlich einfach waren: neben einem Lichtstrahl herzureiten etwa oder wie eine Person in einem fahrenden Zug und eine auf dem Bahnsteig zwei einschlagende Blitze erleben. Und er stellte Verbindungen her, die so offenkundig waren, dass niemand sie vorher erkannt hatte, etwa dass Beschleunigung und Schwerkraft die gleichen Auswirkungen haben. Ohne Einstein würde die Welt, wie wir sie kennen, nicht existieren.

UNTEN: *Hans Albert (rechts) verlässt nach dem Tod seines Vaters mit Dr. Otto Nathan, Einsteins Nachlassverwalter, die Klinik. Nur 15 Stunden nach seinem Tod wurde Einstein im Beisein seiner Familie und weniger Freunde eingeäschert.*

OBEN: *Ohne Einstein gäbe es Erfindungen wie diesen Laser nicht.*

Einsteins Erbe

Jahrzehnte nach seinem Tod sind alle großen Entdeckungen Einsteins nach wie vor gültig, und wir leben noch immer in seinem Universum, das man im Großen nach seiner Relativitätstheorie definiert und im Kleinen nach seiner Quantentheorie. Seine Fingerabdrücke findet man auf allen technologischen Erfindungen unserer Zeit, ob Laser, DVDs, Atomkraft, Glasfasern, Raumfahrt oder Halbleitertechnik. Vom Unendlichen zum Winzigsten — vom größten vorstellbaren Konzept, dem Ausmaß des Universums, bis zum kleinsten, der Emission von Photonen aus dem Kern eines Atoms — definiert Einsteins Leistung nach wie vor alles, was wir über unseren Kosmos wissen.

FAKSIMILE: *Die Pressemitteilung über das Einstein-Russell-Manifest, in dem sich die beiden für die nukleare Abrüstung einsetzen*

Übersetzungen

Albert Einstein
Old Grove Road
Nassau Point
Peconic, Long Island

2. August 1939

F.D. Roosevelt
Präsident der Vereinigten Staaten
Weißes Haus
Washington, D.C.

Sehr geehrter Herr!

Einige mir im Manuskript vorliegende neue Arbeiten von E. Fermi und I. Szilárd lassen mich annehmen, dass das Element Uran in naher Zukunft in eine neue wichtige Energiequelle verwandelt werden könnte. Gewisse Aspekte dieser Situation scheinen die Aufmerksamkeit der Regierung und, falls nötig, rasche Aktion zu erfordern. Ich halte es daher für meine Pflicht, Ihnen die folgenden Fakten und Vorschläge zu unterbreiten:

Im Laufe der letzten vier Monate wurde – durch die Studien von Joliot in Frankreich und von Fermi und Szilárd in den Vereinigten Staaten – die Möglichkeit wahrscheinlich, in einer großen Uranmasse atomare Kettenreaktionen erzeugen zu können, wodurch gewaltige Energiemengen und große Mengen neuer radiumähnlicher Elemente ausgelöst würden. Es scheint jetzt fast sicher, dass dies in der allernächsten Zeit gelingen wird.

Dieses neue Phänomen würde auch zum Bau von Bomben führen, und es ist denkbar – obwohl weniger sicher –, dass auf diesem Wege neuartige Bomben von extrem hoher Sprengkraft hergestellt werden können. Eine einzige Bombe dieser Art, auf einem Schiff befördert und in einem Hafen zur Explosion gebracht, könnte unter Umständen den ganzen Hafen und Teile der umliegenden Gebiete vernichten. Möglicherweise könnten solche Bomben jedoch für den Transport auf dem Luftweg zu schwer sein.

Die Vereinigten Staaten verfügen nur über bescheidene Mengen sehr schwacher Uranerze. In Kanada und der ehemaligen Tschechoslowakei gibt es dagegen gute Uranerze. Die beste Uranquelle ist der Belgische Kongo.

Angesichts dieser Situation mögen Sie es für wünschenswert erachten, dass ein ständiger Kontakt zwischen der Regierung und der Gruppe von Physikern in Amerika hergestellt wird, die am Zustandekommen von Kettenreaktionen arbeiten. Das könnte vielleicht dadurch erreicht werden, dass Sie eine Ihr Vertrauen genießende Person benennen, die möglicherweise in inoffizieller Funktion wirken könnte. Die Aufgaben dieser Person wären folgende:

a) eine Verbindung mit Regierungsstellen herstellen, die ständig über die weiteren Entwicklungen zu informieren wären; Vorschläge für Handlungen der Regierung weiterleiten, wobei der Sicherung der Versorgung der Vereinigten Staaten mit Uranerz besondere Aufmerksamkeit geschenkt werden müsste;

b) experimentelle Arbeiten, die gegenwärtig mit den beschränkten Mitteln der Universitätslaboratorien finanziert werden, beschleunigen, indem Mittel bereitgestellt werden; falls nötig, zusätzlicher Fonds durch Kontakte mit Privatpersonen beschaffen, die die Sache zu unterstützen gewillt sind, und vielleicht auch durch Gewinnung der Mitarbeit industrieller Laboratorien, die über die nötigen Einrichtungen verfügen.

Es wurde mir mitgeteilt, dass Deutschland den Verkauf von Uran aus den von ihm übernommenen tschechoslowakischen Bergwerken eingestellt hat. Dass diese Aktion so frühzeitig erfolgte, mag dadurch zu erklären sein, dass der Sohn des Staatssekretärs im deutschen Auswärtigen Amt, von Weizsäcker, mit dem Kaiser-Wilhelm-Institut in Berlin verbunden ist, wo einige der amerikanischen Uranexperimente jetzt nachvollzogen werden.

Ihr sehr ergebener

Albert Einstein

Israelische Botschaft

17. November 1952

Sehr geehrter Herr Professor Einstein!

Der Überbringer dieses Briefes ist Mr. David Goitein aus Jerusalem, der gegenwärtig als Geistlicher in unserer Botschaft in Washington tätig ist. Er übermittelt Ihnen die Anfrage, die ich Ihnen auf Bitten des Premierministers Ben-Gurion vorlege – nämlich, ob Sie den Staatspräsidentenposten Israels annehmen würden, wenn er Ihnen durch Beschluss der Knesset angeboten werden sollte. Ihre Zustimmung würde die Übersiedlung nach Israel und die Annahme der israelischen Staatsbürgerschaft bedeuten. Der Premierminister versichert mir, dass Ihnen in diesem Fall alle Möglichkeiten der freien Fortführung Ihrer großen wissenschaftlichen Forschungsarbeit geboten werden würden, denn Regierung wie Volk sind sich der überragenden Bedeutung Ihrer Arbeit bewusst.

Mr. Goitein wird Ihnen alle Informationen erteilen können, die sich aus der Frage des Premierministers ergeben möchten.

Wie immer auch Ihre Überlegung oder Entscheidung sein möge, wäre ich Ihnen zutiefst dankbar für eine Gelegenheit, mit Ihnen morgen oder übermorgen an jedem bequemen Ort zu sprechen. Ich verstehe die Sorgen und Zweifel, die Sie heute Abend mir gegenüber ausgesprochen haben. Aber wie auch immer Ihre Antwort ausfallen möge, so möchte ich Ihnen von Herzen sagen, dass die Anfrage des Premierministers den tiefsten Respekt bekundet, den das jüdische Volk irgendeinem seiner Söhne zollen kann. Dem Ausdruck dieser persönlichen Wertschätzung möchte ich einen unpersönlichen hinzufügen: Israel ist in physischer Hinsicht ein kleiner Staat; es kann aber zu wahrer Größe in dem Maße aufsteigen, als es die höchsten geistigen und körperlichen Überlieferungen verkörpert, die das jüdische Volk im Altertum wie in der Neuzeit in seinen besten Köpfen und Herzen hervorgebracht hat. Wie Sie wissen, hat unser erster Präsident uns gelehrt, unser Schicksal in dieser großen Perspektive zu sehen, und Sie selbst haben uns oft in gleichem Sinne beraten.

Wie immer Sie unsere Frage beantworten mögen, hoffe ich, dass Sie mit freundschaftlichen Gefühlen an die denken mögen, die Ihnen diese Bitte unterbreitet haben, und die hohen Ziele und Motive schätzen werden, die Sie in dieser ernsten Stunde der Geschichte unseres Volkes bewogen haben, an Sie heranzutreten.

In tiefer Ergebenheit, Abba Eban

Pressemitteilung

9. Juli 1955

Die beiliegende Stellungnahme zu den Gefahren eines Nuklearkriegs ist von einigen der berühmtesten wissenschaftlichen Autoritäten aus verschiedenen Teilen der Welt unterzeichnet. Sie macht deutlich, dass in einem solchen Krieg keine der Parteien auf einen Sieg hoffen kann und dass eine sehr reale Gefahr besteht, dass die Menschheit durch den Staub und den Regen aus radioaktiven Wolken ausgelöscht wird. Sie geht davon aus, dass weder die Öffentlichkeit noch die Regierungen der Welt sich dieser Gefahr ausreichend bewusst sind. Sie zeigt auf, dass ein einiges Verbot von Nuklearwaffen zwar zum Abbau von Spannungen beitragen könnte, jedoch keine Lösung bieten würde, da solche Waffen trotz einer solchen Vereinbarung sicher produziert und in einem großen Krieg eingesetzt werden würden. Die einzige Hoffnung der Menschheit besteht darin, Krieg zu vermeiden. Die Absicht dieser Stellungnahme ist die Forderung nach einer Denkweise, die eine solche Vermeidung ermöglicht.

Der erste Schritt erfolgte durch die Zusammenarbeit von Einstein und mir. Einstein gab seine Unterschrift in der letzten Woche seines Lebens. Seit seinem Tod habe ich mich an kompetente Wissenschaftler in Ost und West gewandt, da politische Meinungsverschiedenheiten Wissenschaftler nicht in ihrer Einschätzung von Wahrscheinlichkeiten beeinflussen sollten, doch einige der Angesprochenen haben noch nicht geantwortet. Ich übermittle diese von den Unterzeichnern ausgedrückte Warnung allen mächtigen Regierungen der Welt zur Kenntnisnahme, in der innigen Hoffnung, dass sie sich darin einig seien, dass ihre Bürger überleben dürfen sollten.

Brief an die Staatsoberhäupter

Sehr geehrter …

Beiliegend überreiche ich Ihnen eine von einigen der berühmtesten wissenschaftlichen Autoritäten unterzeichnete Stellungnahme zur nuklearen Kriegsführung. Es wird auf das absolute und nicht wiedergutzumachende Unglück, das mit einer solchen Kriegsführung verknüpft sein würde, besonders hingewiesen. Es ergibt sich die Notwendigkeit, irgendeinen anderen Weg zu finden, auf welchem internationale Streitigkeiten beigelegt werden können. Ich hoffe zutiefst, dass Sie sich öffentlich zu diesem Problem äußern werden. Es ist das ernsteste von allen, vor welche die Menschheit jemals gestellt worden ist.

Ihr ergebener
Bertrand Russell

Pressemitteilung

9. Juli 1955

Eine Stellungnahme zu nuklearen Waffen

Angesichts der tragischen Situation, welcher die Menschheit gegenwärtig gegenübersteht, meinen wir, dass sich die Wissenschaftler zur Aussprache zusammenfinden sollten, um die Gefahren, welche aufgrund der Entwicklung der Massenvernichtungswaffen entstanden sind, abzuschätzen, und um über eine Resolution im Sinne des am Ende stehenden Entwurfs zu diskutieren.

Wir sprechen hier nicht als Angehörige dieser oder jener Nation, dieses oder jenes Erdteils oder dieses oder jenes Glaubensbekenntnisses, sondern als menschliche Wesen, als Angehörige der Spezies Mensch, deren weitere Existenz zweifelhaft geworden ist. Die Welt ist voller Streitigkeiten, und der titanische Kampf zwischen Kommunismus und Antikommunismus überschattet alle kleineren Konflikte.

Fast jedermann mit politischem Bewusstsein hegt feste Ansichten über eine oder mehrere dieser Streitfragen. Aber wir bitten inständig darum, derartige Meinungen zurückzustellen und sich lediglich als Mitglied einer biologischen Art zu betrachten, die eine beachtliche Geschichte hinter sich hat und deren Untergang keiner von uns wünschen kann.

Wir wollen versuchen, nicht ein einziges Wort auszusprechen, das bei einer Partei mehr Anklang finden würde als bei einer anderen. Alle

schweben in gleichem Maße in Gefahr; und wenn erst die Gefahr erkannt worden ist, besteht die Hoffnung, dass man sie gemeinsam abwenden kann.

Wir müssen lernen, auf neue Art zu denken. Wir sollten nicht mehr danach fragen, welche Mittel und Wege dem militärischen Siege der von uns bevorzugten Partei offen stehen. Solche Möglichkeiten gibt es nämlich gar nicht mehr. Vielmehr stehen wir vor der Frage, auf welche Weise eine militärische Auseinandersetzung, deren Folgen für alle Beteiligten unheilvoll sind, verhindert werden kann.

Die allgemeine Öffentlichkeit und sogar viele Männer in führenden Positionen haben noch nicht realisiert, was ein Krieg mit Kernwaffen bedeuten würde. Die Allgemeinheit denkt hierbei immer noch an die Ausradierung von Städten. Man hat begriffen, dass die neuen Bomben noch stärker sind als die alten und dass, während eine Atombombe seinerzeit Hiroshima vernichten konnte, nunmehr eine Wasserstoffbombe die größten Städte wie London, New York und Moskau dem Erdboden gleichmachen könnte.

Zweifellos würden in einem Wasserstoffbombenkrieg die großen Städte ausgelöscht. Aber das wäre nur eine der kleineren Katastrophen, die uns bevorstehen würden. Wenn in London, New York und Moskau alle Menschen umgebracht werden würden, dann könnte sich die Welt im Laufe einiger Jahrhunderte von diesem Schlag erholen. Aber heute wissen wir, vor allem seit dem Bikini-Versuch, dass Kernbomben Verderben über ein viel größeres Gebiet allmählich ausbreiten können als bisher vermutet worden war.

Aus zuverlässiger Quelle wird berichtet, dass man zurzeit eine Bombe herstellen kann, die 2500-mal so wirksam ist wie jene, welche Hiroshima zerstört hat. Wenn sie in Bodennähe oder unter Wasser explodiert, jagt eine solche Bombe radioaktive Partikel in die obere Atmosphäre. Diese sinken allmählich wieder herab und erreichen die Erdoberfläche in Form von tödlichem Staub oder Regen. Mit derartigem Staub wurden seinerzeit die japanischen Fischer und ihr Fang infiziert.

Kein Mensch weiß, wie weit solche tödlichen radioaktiven Teilchen ausgestreut werden können, aber die hervorragendsten Fachleute erklären einmütig, dass es sehr gut möglich wäre, dass ein Krieg mit Wasserstoffbomben der menschlichen Rasse ein Ende setzt. Es ist zu befürchten, dass beim Einsatz vieler Wasserstoffbomben ein allgemeines Sterben anhebt – plötzlich und schnell nur für

die Minderzahl, für die Mehrheit hingegen als qualvolle Krankheit und langsames Dahinsiechen.

Viele Männer der Wissenschaft und Autoritäten der Kriegsführung haben Warnungen ausgesprochen. Keiner von ihnen sagt, dass die übelsten Auswirkungen gewiss sind. Aber sie sagen, dass jene Folgen möglich sind und dass niemand sicher sein kann, dass sie nicht eintreten werden. Wir haben bis jetzt nicht finden können, dass die diesbezüglichen Ansichten der Fachleute in irgendeiner Weise von ihrer politischen Einstellung oder von anderen Vorurteilen abhängen. Vielmehr haben unsere Nachforschungen erwiesen, dass hierfür der Umfang der Sachkenntnis des einzelnen Fachmannes maßgeblich ist und dass diejenigen Männer, welche am meisten wissen, die schlimmsten Befürchtungen hegen.

Hier also liegt das Problem, das wir Ihnen schildern, ungeschönt, furchtbar und unausweichlich: Werden wir der menschlichen Rasse den Untergang bereiten, oder wird die Menschheit auf Krieg verzichten? Diese Alternative werden die Menschen nicht ins Auge fassen, da es schwierig ist, Krieg abzuschaffen.

Die Beseitigung des Krieges wird unangenehme Einschränkungen der nationalen Souveränität verlangen. Was aber vielleicht mehr als alles andere ein Verständnis der Situation verhindert, ist die Tatsache, dass sich das Wort »Menschheit« so unbestimmt und abstrakt anhört. Die Menschen können sich kaum vorstellen, dass die Gefahr ihnen selbst, ihren Kindern und Enkeln und nicht bloß einer vage empfundenen Menschheit droht. Sie können es kaum begreifen, dass sie, jeder einzelne und all jene, die sie lieben, in der ungeheuren Gefahr schweben, auf qualvolle Weise umzukommen. Und so wiegen sie sich in der Hoffnung, dass es vielleicht doch zulässig sei, mit Kriegen fortzufahren, wenn die modernen Waffen verboten werden würden.

Diese Hoffnung aber ist eine Illusion. Was für Vereinbarungen über die Nichtverwendung der Wasserstoffbombe auch in Friedenszeiten getroffen worden sind, sie würden in Kriegszeiten doch nicht als bindend angesehen werden. Auf beiden Seiten würde die Herstellung der Wasserstoffbombe wieder aufgenommen werden, sobald der Krieg ausgebrochen ist. Denn wenn auf der einen Seite die Bombe hergestellt wird und auf der anderen nicht, dann wäre der Gegner mit den Bomben unvermeidlich der Sieger.

Obgleich also ein Abkommen über den Verzicht auf Atomwaffen als Teil einer allgemeinen Abrüstung keine

endgültige Lösung darstellen würde, so würde es dennoch gewissen wichtigen Zwecken dienlich sein. Erstens hat jedes Übereinkommen zwischen Ost und West insoweit etwas Gutes an sich, als es zur Entspannung beiträgt. Zweitens würde die Abschaffung der thermonuklearen Waffen, sofern jeder von der ehrlichen Durchführung auf der anderen Seite überzeugt sein kann, die Furcht vor einem plötzlichen Angriff im Stile von Pearl Harbour, welche gegenwärtig beide Seiten in einem Zustand nervöser Sorge hält, verringern. Wir würden daher ein solches Übereinkommen begrüßen, wenn auch nur als ersten Schritt.

Die meisten von uns denken nicht unparteiisch, aber als Menschen müssen wir uns stets vor Augen halten: Wenn die Streitfragen zwischen Ost und West auf irgendeine Weise entschieden werden können, die jeden weitgehend zufriedenstellen kann, sei er Kommunist oder Antikommunist, Asiate, Europäer oder Amerikaner, Weißer oder Schwarzer, dann dürfen diese Streitfragen keinesfalls durch Krieg entschieden werden. Wir wünschen, dass dies sowohl im Osten als auch im Westen eingesehen wird.

Vor uns liegt, wenn wir richtig wählen, eine beständige Ausweitung von Glück, Wissen und Weisheit. Sollen wir stattdessen den Tod wählen, bloß weil wir unsere Streitereien nicht vergessen können? Wir wenden uns als Menschen an unsere Mitmenschen: Erinnert euch eures Menschseins und vergesst alles andere! Wenn ihr das könnt, dann öffnet sich der Weg zu einem neuen Paradies. Könnt ihr es nicht, dann droht allen der Tod.

Resolution

Wir fordern diesen Kongress und durch ihn die Wissenschaftler der Welt und die allgemeine Öffentlichkeit auf, folgende Resolution zu unterschreiben:

»Angesichts der Tatsache, dass in einem künftigen Weltkrieg Kernwaffen bestimmt benutzt werden und derartige Waffen das Fortbestehen der Menschheit bedrohen, fordern wir die Regierungen der ganzen Welt auf, einzusehen und öffentlich einzugestehen, dass ein Weltkrieg ihren Zielen nicht förderlich sein kann. Weiterhin fordern wir sie auf, friedliche Mittel aufzufinden, um alle Streitsachen zwischen sich zu schlichten.«

Register

Einträge, die sich auf Bilder beziehen,
sind kursiv gedruckt

93

Nachweise

Danksagung

Der Verlag möchte folgenden Personen für ihre Hilfe bei der Vorbereitung dieses Buches danken:

Albert Einstein Archives, Hebräische Universität von Jerusalem, Israel: Barbara Wolff, Chaya Becker.

Franklin D. Roosevelt Presidential Library: Robert D. Clark, Karen Anson.

Museum Boerhaave: Mara Scheelings.

William Ready Division of Archives & Research Collections, McMaster University, Mills Memorial Library: Jannie Balt, Kim Scott, Rick Staplteon.

Robert D. Farber University Archives & Special Collections Department, Brandeis University: Sarah Shoemaker.

Faksimilenachweis

Mit freundlicher Genehmigung der Albert Einstein Archives, Hebräische Universität Jerusalem, Israel: 13, 22 f., 77, 83.

Robert D. Farber University Archives & Special Collections Department, Brandeis University: 17, 38 (Objekt 2)

© Albert Einstein Archives, Hebräische Universität Jerusalem, Israel: 35, 38 (Objekt 1), 45, 85, 87.

Franklin D. Roosevelt Presidential Library: 72 f..

Museum Boerhaave: 48.

William Ready Division of Archives & Research Collections, McMaster University, Mills Memorial Library: 89.

Bildnachweis

Der Verlag dankt folgenden Personen und Institutionen für die Genehmigung zum Abdruck ihrer Bilder.

Akg-Images: 14ul, 15u, 21ul, 35ur, 36, 37m, /Bildarchiv Pisarek: 45, /Erich Lessing: 21or

Corbis: 54u, 55o, 55u, 62, 70u, /Bettmann: 35u, 36o, 37o, 44u, 57o, 64u, 65o, 66o, 66u, 67o, 67u, 68u, 69o, 70o, 71u, 72o, 73o, 73u, 75u, 76u, 77o, 79, 80u, 81o, 82o, 82u, 83u, 85, 87u, 89l, 95, /Christie's Images: 20l, /Hulton-Deutsch Collection: 43o, 43u, 44o, 58u, /Lucas Jackson/Reuters: 18o, /Ted Spiegel: 57r, /Sergey Konenkov/Sygma: 69u, 71r, /Underwood & Underwood: 22ol, 53u, 54o, 68o, 88, /Baldwin H. Ward & Kathryn C. Ward: 5u, /Oscar White: 84o

Mit freundlicher Genehmigung der Albert Einstein Archives, Hebräische Universität von Jerusalem, Israel: 9o

ETH Zürich: 32o

Emilio Segre Visual Archives, American Institute of Physics: 78o, /mit freundlicher Genehmigung der Familie Besso: 13o, /Leon Brillouin Collection: 78u

Getty Images: 4o, 7, 11, 18u, 22ur, 26, 32ul, 42o, 50o, 51, 52, 56o, 60o, 60u, 65u, 86u, /AFP: 38, 87o, /Philippe Halsman/AFP: 75o, /National Geographic: 28o, /Popperfoto: 3, 81u, 96, vordere und hintere Umschlaginnenseite/Time & Life Pictures: 30, 49u, 50u, 63o, 64o, 72u, 74, 77u, 83o, 84m

© Albert Einstein Archives, Hebräische Universität von Jerusalem, Israel: 34, 76o

IStockphoto: 89r

Mary Evans Picture Library: 17o

Photos 12: 56u, /Ann Ronan Picture Library: 5l, 31

Picture Desk: 47

Private Collection: 63u

Scala Archives: 53o

Science Museum/SSPL: 10or, 24o, 27m, 28r, 29, 41u, 58o

Science Photo Library: 15o, 59u, /American Institute of Physics: 20or, 40, 49o, 61u, /Martyn F. Chillmaid: 24u, /Luke Dodd: 46o, /Mehau Kulyk: 25, /Lawrence Lawry: 27or, /Royal Astronomical Society: 48

International Solvay Institutes: 59o

Topfoto.co.uk: 6o, 9u, 19ol, 46u, /Ann Ronan Picture Library/HIP: 8, 13u, /The British Library/HIP: 4m, /The Granger Collection: 12o, 16o, 16u, 19u, 23ol, 37m, 80u, /Roger-Viollet: 37u, 86r, /Ullstein Bild: 6ul, 10u, 12u, 23ur, 14o, 17u, 33, 42u, 43o, 53o, 61o

Der Verlag hat jeden Versuch unternommen, die Copyright-Inhaber korrekt zu benennen und die Urheber und/oder die Copyright-Inhaber der einzelnen Bilder zu kontaktieren. Falls Copyright-Inhaber versehentlich falsch genannt oder übersehen wurden, bittet er, dies zu entschuldigen. Die fehlerhaften oder versäumten Nennungen werden in der nächstfolgenden Auflage dieses Buches verbessert werden.

Redaktionsteam

Editorial Director: Piers Murray Hill
Editorial Consultant: Jonathan Wells
Editorial Manager: Vanessa Daubney
Project Editor: Jennifer Barr
Additional editorial work: Philip Parker, Cathy Rubenstein, Gemma Maclagan
Design Manager: Darren Jordan
Senior Designer: Danny Baldwin
Additional design work: Katie Baxendale

Bildredaktion: Steve Behan
Bildrecherche: Ben White

Produktionsleitung: Rachel Burgess

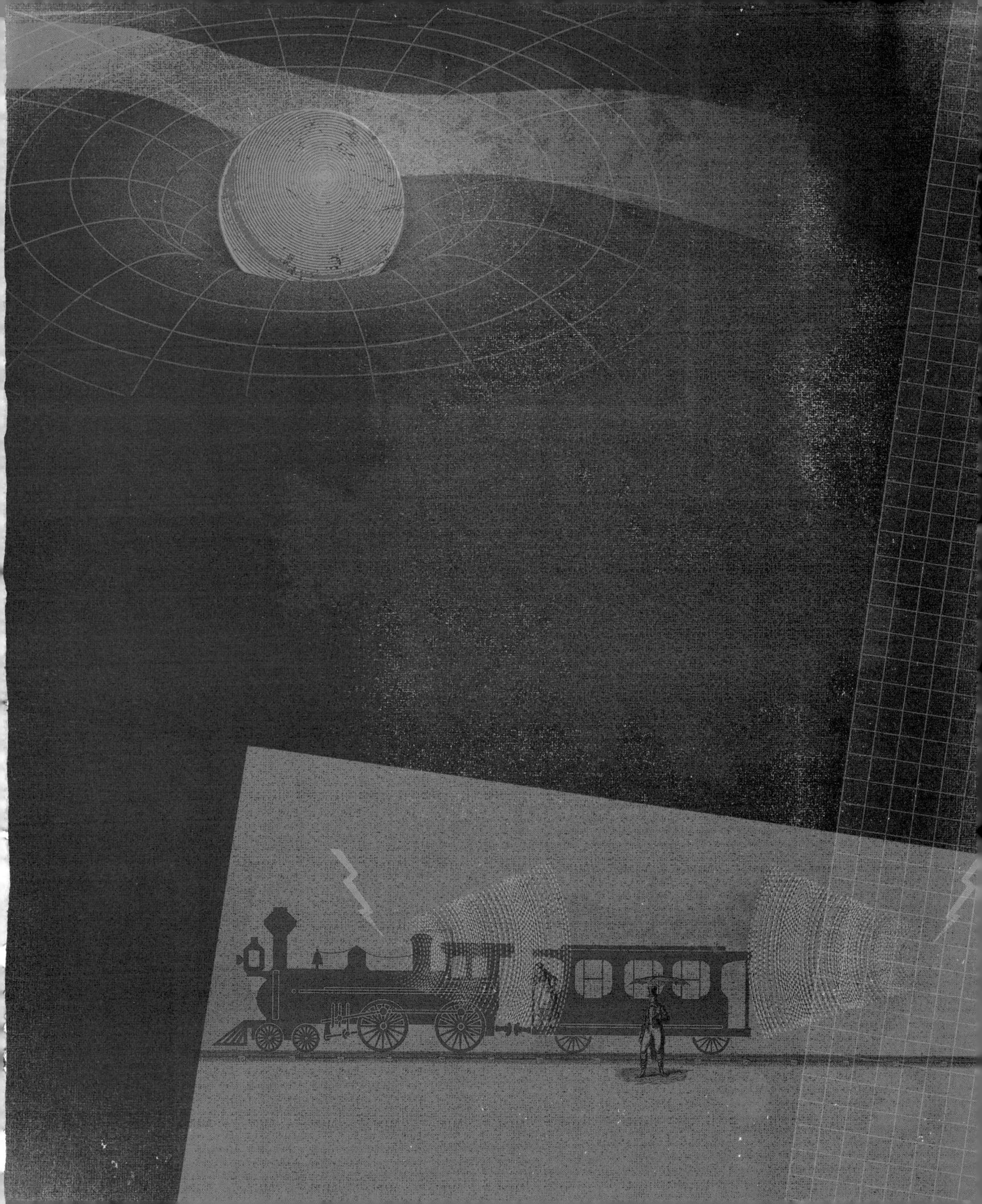